1
1971

Faserforschung und Textiltechnik

WISSENSCHAFTLICH-TECHNISCHE ZEITSCHRIFT
FÜR DIE CHEMIEFASER- UND TEXTILINDUSTRIE

BEGRÜNDET VON
ERICH CORRENS UND WALTER FRENZEL

HERAUSGEGEBEN VON ERICH CORRENS
WOLFGANG BOBETH – HANS BÖHRINGER – HERMANN KLARE
BURKART PHILIPP – CHRISTIAN RUSCHER
SCHRIFTLEITER J. BRÄMER UND I. RUSCHER

AUS DEM INHALT

AKADEMIE-VERLAG BERLIN

Faserforsch. u. Textiltechnik • 22. Jahrg. • Heft 1 • Seiten 1—50 • Berlin im Januar 1971

Faserforschung und Textiltechnik **22 (1971) 1, S. 1—50**

DK 678.745.32:[677.019.17:541.12.036]:547.462.3'054.1:541.128.34:542.953:541.8

Runge, Jürgen

Zur Inhibierung der thermischen Verfärbung des Polyacrylnitrils
2. Mitt.: Untersuchungen zum Mechanismus der Inhibierung

Faserforsch. u. Textiltechnik **22** (1971) 1, S. 1—6. 3 Abb., 21 Lit.

Die Inhibierung der anaeroben thermischen Verfärbung des Polyacrylnitrils durch Maleinimide wird IR-spektroskopisch demonstriert. Löslichkeitsuntersuchungen an in Gegenwart von Maleinimiden erhitzten Acrylnitrilpolymerisaten bekräftigen ältere Vorstellungen über den Stabilisierungsmechanismus. Die Existenz weiterer anaerober Verfärbungsvorgänge, die ein der Nitrilgruppenkondensation vergleichbares Ausmaß haben könnten, ist unwahrscheinlich.

DK 677.675'126:541.6:541.124:546.22'131

El-Garf, Semi Abd

Vernetzung des ägyptischen PERLON-Faserstoffes durch Reaktion mit Schwefeldichlorid

Faserforsch. u. Textiltechnik **22** (1971) 1, S. 6—8. 3 Abb., 2 Tab., 9 Lit.

Vernetzter PERLON-Faserstoff wurde durch Reaktion mit Schwefeldichlorid erhalten. Der Einfluß der Konzentration des Schwefeldichlorids auf die Reaktion bei verschiedenen Lösungsmitteln und bei verschiedenen Temperaturen wurde untersucht. Es wurde festgestellt, daß sich die Seide bei einer Schwefeldichloridkonzentration von 20% löst. Die kinetischen Kurven haben bei Anwendung unterschiedlicher Lösungsmittel denselben Verlauf. Der Schmelzpunkt wurde bei einem Schwefelgehalt von mehr als 5% stark erhöht, wobei sich der Faserstoff kräuselte.

DK 678.743.22:677.021.125.2:532.13:677.494.061.7

Fichman, V. D., Alekseeva, V. M., Volkov, V. Z., und *Vinogradov, G. V.*

Einfluß der Lösetemperatur auf die Eigenschaften von PVC-Spinnlösungen

Faserforsch. u. Textiltechnik **22** (1971) 1, S. 9—16. 10 Abb., 17 Lit.

Die rheologischen Eigenschaften von PVC-Spinnlösungen in DMF wurden in Abhängigkeit von der Lösetemperatur untersucht. Mit Erhöhung der Lösetemperatur werden die Viskosität in einem breiten Spannungs- und Geschwindigkeits-Deformationsbereich niedriger und die übermolekularen Teilchengrößen in den Lösungen kleiner. Die Werte der maximalen Düsen- und Heißreckung beim Erspinnen der Fäden vergrößern sich. Die Festigkeit und die Dauerbiegezahl der Fäden nehmen zu.

DK 677.463:[677.016.26:535.668.6]:539.12.04:677.019.36

Kaufmann, Siegfried

Weißgradänderung von Viskosefasern durch spektrale Bestrahlung
Teil I: Experimente

Faserforsch. u. Textiltechnik **22** (1971) 1, S. 16—20. 11 Abb., 3 Tab., 10 Lit.

Die experimentellen Anordnungen zur Bestimmung der Weißgradänderung von Viskosefasern durch die spektrale Bestrahlung werden beschrieben. Die ermittelte Grenzwellenlänge von Viskosefasern einer bestimmten Provenienz liegt bei ca. 325 nm und das Maximum der positiven Weißgradänderung (Weißgraderhöhung) bei ca. 425 nm.

DK 677.463:677.021.125.2:677.021.125.3:677.463.061.3:537.533.35

Gensrich, Heinz Jürgen, und *Gröbe, Anneliese*

Elektronenmikroskopische Untersuchungen an Ultradünnschnitten von Celluloseregeneratfäden
Teil VI: Die Struktur der Mantelzone

Faserforsch. u. Textiltechnik **22** (1971) 1, S. 21—30. 14 Abb., 2 Tab., 28 Lit.

Die Morphologie der Mantelsubstanz von Mantel/Kern-Fäden und Vollmantelfäden wurde im primären Gelzustand untersucht. Es konnte gezeigt werden, daß auch die Mantelsubstanz als dreidimensionales Netzwerk von definierten Strukturelementen während der Fadenbildung entsteht, dessen Morphologie von den Koagulationsbedingungen abhängt.

DK 547.458.82:66.062.24:543.422.4

Piklerová, Anna, Pikler, Alexander, und *Pašteka, Mikuláš*

Über die Synthese des 3-Aceto-2-Mercuriacetopropylderivats der Cellulose

Faserforsch. u. Textiltechnik **22** (1971) 1, S. 31—34. 3 Abb., 2 Tab., 10 Lit.

Die Herstellung des Aceto-2-Mercuriacetopropylderivates der Cellulose durch die Addition des Mercuriacetats an die Doppelbindungen der Allylcellulose wurde studiert. Die besten Ergebnisse der Reaktion wurden in Benzol als Reaktionsmedium im Laufe von 2 h und bei 80°C erreicht. Das entstandene Derivat der Cellulose wurde mittels chemischer sowie physikalisch-chemischer Methoden (IR-Spektrophotometrie) identifiziert.

DK 677.494.675:677.862.25:547.391.1:019.9

Bouillon, Günter

Modifizierungsreaktionen an Polyamidfäden. Eine Literaturübersicht
Teil II: Pfropfcopolymerisationen mit Acrylsäure, Acrylsäurederivaten und weiteren ungesättigten organischen Verbindungen

Faserforsch. u. Textiltechnik **22** (1971) 1, S. 34—41. 3 Tab., 76 Lit.

Zeitschriften- und Patentveröffentlichungen über die chemische Modifizierung von Polyamidfäden durch Pfropfcopolymerisationsreaktionen mit Acrylsäure, Acrylsäurederivaten und weiteren ungesättigten organischen Verbindungen werden bis zum Stand von 1969 erörtert.

Kurze Mitteilungen

DK 661.728:543.257.5:546.723–386:66.061:541.182.6.02

Arnold, Adolf, Philipp, Burkart, und *Schleicher, Harry*

Zur Anwendung der konduktometrischen Partikelzählung auf Lösungen von Zellstoffen in EWNN

Faserforsch. u. Textiltechnik **22** (1971) 1, S. 41—42. 1 Abb., 1 Tab., 6 Lit.

Die Hefte 2, 3 und 4 enthalten die Vorträge des 3. Internationalen Chemiefasersymposiums 1970 in Dresden

Die Zeitschrift „Faserforschung und Textiltechnik“ erscheint monatlich in Heften zu 48 Textseiten im Format A 4. Der Preis für das Einzelheft beträgt M 15,— (Sonderpreis für DDR M 9,—), für den Vierteljahrbezug M 45,— (Sonderpreis für DDR M 27,—), zuzügl. Bestellgeld. Die Berechnung erfolgt zu Beginn eines Vierteljahrs für 3 Hefte. Bestellungen aus dem Gebiet der Deutschen Demokratischen Republik an ein Postamt, eine Buchhandlung oder den Verlag, aus der Deutschen Bundesrepublik an eine Buchhandlung oder die Auslieferungsstelle Kunst und Wissen, Erich Bieber, 7 Stuttgart 1, Wilhelmstraße 4—6, aus dem Ausland an eine Importbuchhandlung, den Deutschen Buch-Export und -Import GmbH., 701 Leipzig, Postschließfach 276, oder den Akademie-Verlag GmbH., 108 Berlin, Leipziger Str. 3—4 (Fernruf: 220441; Telex-Nr. 0112020; Postscheckkonto 35021) erbeten. Bestellnummer dieses Heftes: 1014/22/1. Alleinige Anzeigenannahme DEWAG-WERBUNG, 102 Berlin, Rosenthaler Str. 28/31, und alle DEWAG-Betriebe in den Bezirksstädten der DDR. — Bestellungen in der UdSSR nehmen entgegen: Städtische Abteilungen von „SOJUZPECHATJ“ bzw. Postämter und Postkontore.

Herausgeber und verantwortlich für den Inhalt: Prof. Dr. Erich Correns, Institut für Faserstoff-Forschung der Deutschen Akademie der Wissenschaften zu Berlin, 153 Teltow-Seehof, Fernruf: Teltow 4831; Prof. Dr.-Ing. habil. Wolfgang Bobeth, Institut für Technologie der Fasern der Deutschen Akademie der Wissenschaften zu Berlin, 801 Dresden, Hohe Str. 6, Fernruf: 44721; Prof. Dr.-Ing. Hans Böhringer, Institut für Textiltechnologie der Chemiefasern Rudolstadt, Fernruf: Rudolstadt 2031; Prof. Dr. Hermann Klare, Prof. Dr. habil. Burkart Philipp und Dr. habil. Christian Ruscher, Institut für Faserstoff-Forschung der Deutschen Akademie der Wissenschaften zu Berlin, 153 Teltow-Seehof, Fernruf: Teltow 4831. Schriftleiter: Joachim Brämer und Dipl.-Chem. Ingeborg Ruscher, 153 Teltow-Seehof, Kantstr. 55. Verlag: Akademie-Verlag GmbH., 108 Berlin, Leipziger Str. 3—4. Satz und Druck: Druckhaus „Maxim Gorki“, 74 Altenburg. — Veröffentlicht unter der Lizenznummer 1280 des Presseamtes beim Vorsitzenden des Ministerrates der Deutschen Demokratischen Republik.

Faserforschung und Textiltechnik

WISSENSCHAFTLICH-TECHNISCHE ZEITSCHRIFT FÜR DIE CHEMIEFASER- UND TEXTILINDUSTRIE

BEGRÜNDET VON
ERICH CORRENS UND WALTER FRENZEL

HERAUSGEGEBEN VON E. CORRENS — W. BOBETH — H. BÖHRINGER — H. KLARE — B. PHILIPP — CH. RUSCHER

SCHRIFTLEITER J. BRÄMER UND I. RUSCHER

21. Jahrgang 1970

AKADEMIE-VERLAG BERLIN

Die Zeitschrift „Faserforschung und Textiltechnik“ erscheint monatlich in Heften zu 48 Textseiten im Format A 4. Der Preis für das Einzelheft beträgt M 15,– (Sonderpreis für DDR M 9,–), für den Vierteljahrbezug M 45,– (Sonderpreis für DDR M 27,–), zuzügl. Bestellgeld. Die Berechnung erfolgt zu Beginn eines Vierteljahrs für 3 Hefte. Bestellungen aus dem Gebiet der Deutschen Demokratischen Republik an ein Postamt, eine Buchhandlung oder den Verlag, aus der Deutschen Bundesrepublik an eine Buchhandlung oder die Auslieferungsstelle Kunst und Wissen, Erich Bieber, 7 Stuttgart 1, Wilhelmstraße 4–6, aus dem Ausland an eine Importbuchhandlung, den Deutschen Buch-Export und -Import GmbH., 701 Leipzig, Postschließfach 276, oder den Akademie-Verlag GmbH., 108 Berlin, Leipziger Str. 3–4 (Fernruf: 220441; Telex-Nr. 0112020; Postscheckkonto 35021) erbeten. Bestellnummer dieses Bandes: 1014/21. Alleinige Anzeigenannahme DEWAG-WERBUNG, 102 Berlin, Rosenthaler Str. 28/31, und alle DEWAG-Betriebe in den Bezirksstädten der DDR. – Bestellungen in der UdSSR nehmen entgegen: Städtische Abteilungen von „SOJUZPECHATJ“ bzw. Postämter und Postkontore.

Herausgeber und verantwortlich für den Inhalt: Prof. Dr. Erich Correns, Institut für Faserstoff-Forschung der Deutschen Akademie der Wissenschaften zu Berlin, 153 Teltow-Seehof, Fernruf: Teltow 4831; Prof. Dr.-Ing. habil. Wolfgang Bobeth, Institut für Technologie der Fasern der Deutschen Akademie der Wissenschaften zu Berlin, 801 Dresden, Hohe Str. 6, Fernruf: 44721; Prof. Dr.-Ing. Hans Böhringer, Institut für Textiltechnologie der Chemiefasern Rudolstadt, Fernruf: Rudolstadt 2031; Prof. Dr. Hermann Klare, Prof. Dr. habil. Burkart Philipp und Dr. habil. Christian Ruscher, Institut für Faserstoff-Forschung der Deutschen Akademie der Wissenschaften zu Berlin, 153 Teltow-Seehof, Fernruf: Teltow 4831. Schriftleiter: Joachim Brämer und Dipl.-Chem. Ingeborg Ruscher, 153 Teltow-Seehof, Kantstr. 55. Verlag: Akademie-Verlag GmbH., 108 Berlin, Leipziger Str. 3–4. Satz und Druck: Druckhaus „Maxim Gorki“, 74 Altenburg. – Veröffentlicht unter der Lizenznummer 1280 des Presseamtes beim Vorsitzenden des Ministerrates der Deutschen Demokratischen Republik.

Inhaltsverzeichnis Jahrgang 21

Verfasserverzeichnis

(KM) = Kurze Mitteilung

Sachverzeichnis

Faserforschung und Textiltechnik

WISSENSCHAFTLICH-TECHNISCHE ZEITSCHRIFT FÜR DIE CHEMIEFASER- UND TEXTILINDUSTRIE

Band 22 Januar 1971 Heft 1

Zur Inhibierung der thermischen Verfärbung des Polyacrylnitrils

2. Mitt.: Untersuchungen zum Mechanismus der Inhibierung[1])

Jürgen Runge

Kombinat VEB Chemische Werke Buna, 4212 Schkopau, Direktion für Forschung und Entwicklung

DK 678.745.32:[677.019.17:541.12.036]:547.462.3'054.1:541.128.34:542.953:541.8

Die Inhibierung der anaeroben thermischen Verfärbung des Polyacrylnitrils durch Maleinimide wird IR-spektroskopisch demonstriert. Löslichkeitsuntersuchungen an in Gegenwart von Maleinimiden erhitzten Acrylnitrilpolymerisaten bekräftigen ältere Vorstellungen über den Stabilisierungsmechanismus. Die Existenz weiterer anaerober Verfärbungsvorgänge, die ein der Nitrilgruppenkondensation vergleichbares Ausmaß haben könnten, ist unwahrscheinlich.

К ингибированию термического пожелтения полиакрилонитрила
Сообщ. 2-е: Изучение механизма ингибирования

Методом ИК-спектроскопии показано ингибирование мальимидами анаэробного термического пожелтения полиакрилонитрила. Изучение растворимости образцов полиакрилонитрила, нагретых в присутствии мальимидов, подтверждает существующие представления о механизме стабилизации. Протекание других анаэробных процессов старения в размере, сравнимом с конденсацией нитрильных групп, является мало вероятным.

On the Inhibition of the Thermal Discolouration of Polyacrylonitrile

The inhibition of the anaerobic thermal discolouration of polyacrylonitrile by maleimide has been demonstrated by IR-spectroscopy. Investigations of the solubility of polyacrylonitrile samples heated in the presence of maleimide support previous concepts on the mechanism of stabilisation. Further discolouration processes, that might have an extent comparable to that of the condensation of nitrile groups, are not likely to occur.

1. *Einleitung*

So kompliziert der Vorgang der thermischen Verfärbung des Polyacrylnitrils unter unspezifischen Bedingungen, d. h. in Gegenwart von Sauerstoff, äußerlichen Verunreinigungen, basischen Zersetzungsprodukten wie Ammoniak und Aminen, Verseifungsprodukten, wie auch unter dem Einfluß gewisser Strukturanomalien in der Polymerenkette im einzelnen sein mag, so herrscht doch Einigkeit über den Charakter einer wesentlichen Komponente des Gesamtverfärbungsvorganges, die man unter anaeroben Bedingungen weitgehend isoliert ablaufen lassen kann. Auch in neueren Arbeiten [1, 2] werden die Ergebnisse von *N. Grassie* u. Mitarb. [3] über die nucleophil initiierte anionische Kondensation der Nitrilgruppen [4] zu anellierten Dihydropyridinringsystemen mit dem $(\rangle C{=}N-)_{konj}$-Chromophor in den Grundzügen bestätigt und nur in Einzelheiten modifiziert.

In einer voraufgegangenen Mitteilung [5] wurde gezeigt, daß Maleinsäure bzw. Maleinsäureanhydrid einerseits und Maleinimid und dessen N-Substitutionsprodukte andererseits die anaerobe thermische Verfärbung des Polyacrylnitrils zu inhibieren vermögen. Es erwies sich als wichtige Voraussetzung einer stabilisierenden Wirksamkeit, daß die Doppelbindungs-C-Atome in beiden Fällen unsubstituiert sind. Die systematische Abwandlung der Molekülstruktur führte außerdem zu dem Schluß, daß Doppelbindung und Anhydrid- bzw. Imidring für die Stabilisatoreigenschaften essentiell sind. Daraus resultierte ein Vorschlag für den Stabilisierungsmechanismus, der gemäß Formelbild 1 als Unterbrechung der Nitrilgruppenkondensation durch nucleophile Addition einer frühen Zwischenstufe dieser polymerisationsähnlichen Reaktion an die elektrophile Doppelbindung des Maleinsäurederivates vorzustellen ist.

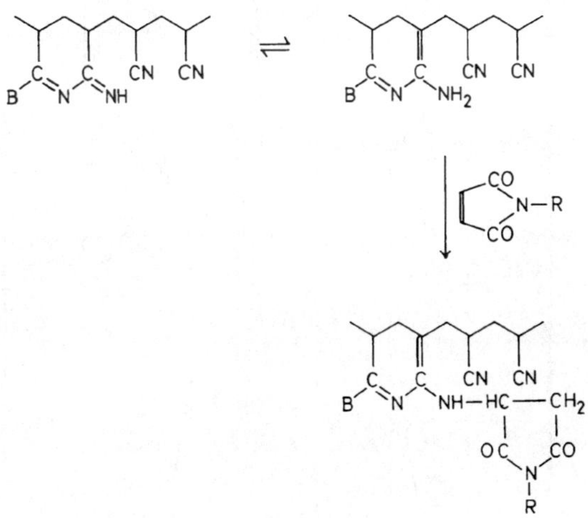

Formelbild 1

Im folgenden wird in einem ersten Teil die Blockierung der Bildung konjugierter ($\rangle C{=}N$) Sequenzen IR-spektroskopisch demonstriert. –

Eine gravierende Konsequenz der thermischen Verfärbung des Polyacrylnitrils, und im Zusammenhang dieser Arbeit speziell der fortschreitenden Nitrilgruppenkondensation, ist die rasche Abnahme der Löslichkeit des Polymeren. Ein 60 min lang unter Inertgas auf 220 °C erhitztes Homopolymerisat bleibt nach 1 h Erhitzen in einem Überschuß von Dimethylformamid auf 100 °C praktisch ungelöst und zeigt nur noch eine geringfügige Quellung. *N. Grassie* und *J. N. Hay* [3] führten die Abnahme der Löslichkeit von trocken

[1]) 1. Mitt. s. [5].

erhitztem PAN auf Vernetzungsvorgänge, speziell auf „Wachstumsvernetzung" („propagation crosslinks") zurück. Die dichte Packung der Polymerketten erlaubt ein Überspringen der „Reißverschluß"reaktion von einer Kette auf die andere. Andererseits sollte die zunehmende Ansammlung höher anellierter Dihydropyridinringsequenzen als solche schon die Löslichkeit stark herabmindern [6]. Unseres Erachtens dürften Vernetzung und zunehmender Anellierungsgrad gleichzeitig zu der beobachteten Abnahme der Löslichkeit beitragen. In einem zweiten Teil dieser Arbeit werden anhand des Vergleichs der Löslichkeiten von in stabilisiertem Zustand erhitzten und von unstabilisiert erhitzten Acrylnitrilpolymerisaten Zusammenhänge deutlich gemacht, die eine Modifizierung der Vernetzungsvorstellungen von *Grassie* nahelegen und den oben angedeuteten Stabilisierungsmechanismus bestätigen.

2. *Experimentelles*

Für die Untersuchungen wurde ein unter schonenden Bedingungen hergestelltes Redoxsuspensionshomopolymerisat verwendet, das offenbar das unter den gegebenen Bedingungen erreichbare Minimum an Verfärbungsinitiatoren enthielt. Außerdem wurde ein technisches Acrylnitril/Vinylacetat(7%)-Copolymerisat und ein ebenfalls in wäßriger Suspension hergestelltes Acrylnitril/Acrylsäure(2,8%)-Copolymerisat herangezogen. Der Acrylsäuregehalt des letzteren errechnete sich aus dem Sauerstoffgehalt des Copolymerisates abzüglich eines Blindwertes von 0,7%, wie er in dem auf gleiche Weise gewonnenen Homopolymerisat festgestellt wurde.

Die Stabilisatorkonzentration betrug in allen Fällen mit einer Ausnahme (s. d.) 0,018 mol/100 g Polymerisat. Die Vorbereitung der stabilisierten Proben, ihre Erhitzung und die daran anschließende Reflexionsmessung (Blaufilter) zur Bestimmung des Verfärbungsgrades sind in der ersten Mitteilung [5] beschrieben. Sämtliche Proben wurden jedoch vor dem Erhitzen im Reagenzglas 2 min lang mit Argon durchgespült und dann in verschlossenem Zustand in das Heizbad eingehängt. Die Dauer der Erhitzung betrug in allen Fällen 60 min. Die Proben kamen erst nach dem Erkalten wieder mit Luft in Berührung. Ein Nachdunkeln wurde nicht beobachtet. Sie wurden vor der Reflexionsmessung durch Extraktion mit Tetrahydrofuran und anschließend mit Äther von unverändertem Maleinimid befreit.

Zur Bestimmung der Löslichkeit wurden 2 g Polymerisat in 100 ml DMF unter intensivem Rühren mit einem Spiralrührer 1 h lang in einem Ölbad auf 100°C erhitzt. Nach dem Abkühlen wurde die Lösung von dem Gelanteil abzentrifugiert, das Gel so oft mit frischem Lösungsmittel aufgerührt und zentrifugiert, bis dieses wasserhell blieb und keine fällbare Substanz mehr enthielt. Danach wurde nochmals mit frischem DMF 30 min lang bei 6000 U/min zentrifugiert und anschließend das Volumen des Gels ermittelt. Der lösliche Anteil wurde mit einem Überschuß Wasser gefällt, durch Zentrifugieren isoliert, 30 h lang bei 100°C/1 mm Hg getrocknet und ausgewogen. Daraus ergab sich die Löslichkeit in % und die dem Gel zugrundeliegende Menge an Trockensubstanz, die zusammen mit dem Gelvolumen die Geldichte in ml/g als Maß für die Quellbarkeit lieferte.

Die IR-Spektren wurden mit einem Zeiß-UR-20-Gerät (KBr-Tabletten) aufgenommen.

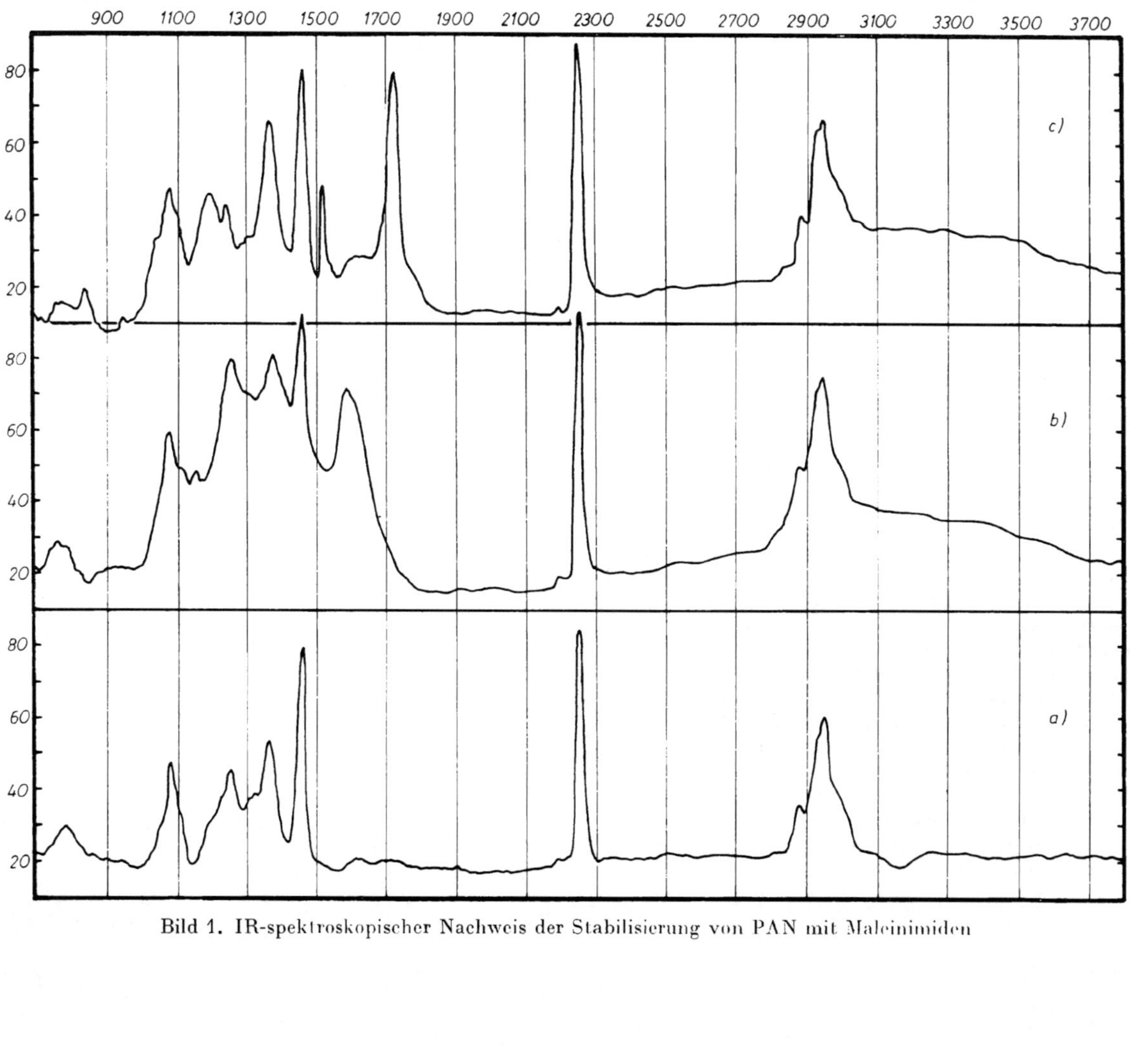

Bild 1. IR-spektroskopischer Nachweis der Stabilisierung von PAN mit Maleinimiden

3. IR-spektroskopischer Nachweis der Stabilisierung

Die Inhibierung der Nitrilgruppenkondensation läßt sich IR-spektroskopisch gut demonstrieren. In Bild 1a ist ein normales PAN-Spektrum wiedergegeben. Nach 2 h Erhitzen derselben Probe im Vakuum auf 220 °C (Verfärbung nach orange) wurde Spektrum 1 b erhalten. Der Untergrund im Bereich von 1200 bis 1700 cm^{-1} ist mittelstark angehoben. Als einzige signifikante Veränderung erscheint bei 1590 cm^{-1} eine ausgeprägte Bande, die mit $(-\overset{|}{C}=N-)_{konj}$ in Zusammenhang zu bringen ist [3, 7, 8, 9]. Dieselbe PAN-Probe, mit 0,018 mol N,N'-p-Phenylenbismaleinimid/100 g PAN stabilisiert und auf dieselbe Weise erhitzt, lieferte das Spektrum 1 c (Verfärbung nach blaßgelblich). Der Untergrund ist zurückgedrängt, die Bande bei 1590 cm^{-1} verschwunden. Die neu hinzugekommenen Banden (1725, 1521, 1200 und 840 cm^{-1}) gehen auf den Stabilisator zurück.

4. Löslichkeitsverhalten stabilisiert und unstabilisiert erhitzter Acrylnitrilpolymerisate

In Bild 2 sind Remissionsgrad (a), Löslichkeit (b) und Geldichte (c) von in stabilisiertem und unstabilisiertem Zustand erhitzten Acrylnitrilpolymerisaten in Abhängigkeit von der Erhitzungstemperatur dargestellt.

Gegenüber der Verfärbungskurve des unstabilisierten Homopolymerisates zeigen die Kurven der stabilisierten Muster bis etwa 200 °C nur eine geringfügige Neigung zur Abszisse, um erst im Bereich von 210 bis 230 °C steil abzufallen. Ein Vergleich mit der Farbtiefe von stabilisierten Homopolymerisaten, die 60 min lang unter Lufteinwirkung auf 180 °C erhitzt worden waren [5], wobei in keinem Falle ein Remissionsgrad von 76 bis 78% nach oben überschritten werden konnte, macht deutlich, daß eben jene Restverfärbung, wie vermutet, auf Sauerstoffeinfluß (Dehydrierung der C,C-Kette bzw. der Ringstruktur [1, 10, 11, 12]) zurückzuführen ist, und daß die oxydativ nicht, jedenfalls nicht direkt, beeinflußte Nitrilgruppenkondensation im Bereich bis etwa 200 °C durch Maleinimide zumindest in der Tendenz vollständig inhibiert werden kann. Die Existenz weiterer sauerstoffunabhängiger Verfärbungsmechanismen neben der anionischen Nitrilgruppenkondensation dürfte demnach auszuschließen sein.

Der steile Abfall der Verfärbungskurven oberhalb von etwa 200 bis 210 °C ist u. a. bedingt durch eine in diesem Bereich einsetzende Ammoniakentwicklung. Durchschnittlich ab 220 °C verursacht Ammoniak eine autokatalytische Beschleunigung des Zersetzungsprozesses, der die Stabilisatoren schließlich nicht mehr gewachsen sind. Im Probeninneren entstanden dadurch Temperaturen, die erheblich über der Badtemperatur lagen (erkennbar an der zunehmenden Dunkelfärbung zum Probenzentrum hin). Der Überdruck schleuderte dann den Röhrchenverschluß und einen Teil des Pulvers heraus. Die Kurvenendpunkte in den Bildern 2 und 3 deuten die Temperaturen an, bei denen nach durchschnittlich 30 bis 50 min ein Durchgehen der Reaktion zu beobachten war. Diese Proben wurden verworfen.

Die Herkunft des Ammoniaks ist von anderer Seite plausibel erklärt worden [13]. Durch Erhitzen unter Vakuum ließ sich sein Einfluß zwar zurückdrängen, doch zeigten alle Maleinimide dann so große Sublimationsgeschwindigkeiten, daß vernünftige Ergebnisse nicht mehr zu erwarten waren.

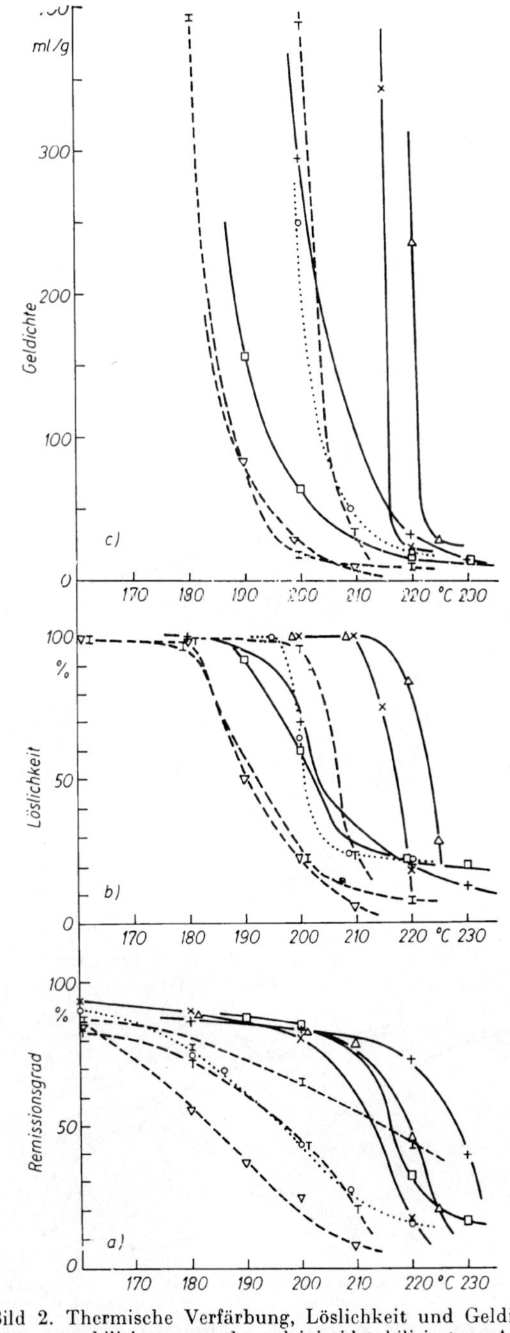

Bild 2. Thermische Verfärbung, Löslichkeit und Geldichte von unstabilisierten und maleinimidstabilisierten Acrylnitrilpolymerisaten in Abhängigkeit von der Erhitzungstemperatur

Homopolymerisat:
○·········○ unstabilisiert
×———× stabil. mit N-Phenylmaleinimid
△———△ stabil. mit N-α-Naphthylmaleinimid
□———□ stabil. mit N,N'-Hexamethylenbismaleinimid
+———+ stabil. mit N,N'-p-Phenylenbismaleinimid
Acrylnitril/Vinylacetat(7%)-Copolymerisat:
▽– – –▽ unstabilisiert
T– – –T stabil. mit N-α-Naphthylmaleinimid
I– – –I stabil. mit N,N'-p-Phenylenbismaleinimid

Das deutliche Zurückbleiben des N-Phenylmaleinimids in seiner Wirksamkeit hat seinen Grund in dessen Neigung zur Polymerisation. Im Gemisch mit gleichen Teilen PAN polymerisiert es bei 1 h Erhitzen auf 180 °C zu 10%, auf 200 °C zu 15%, auf 210 °C zu 26% und auf 220 °C zu 46%. Poly-N-phenylmaleinimid zeigt keine stabilisierende Wirkung.

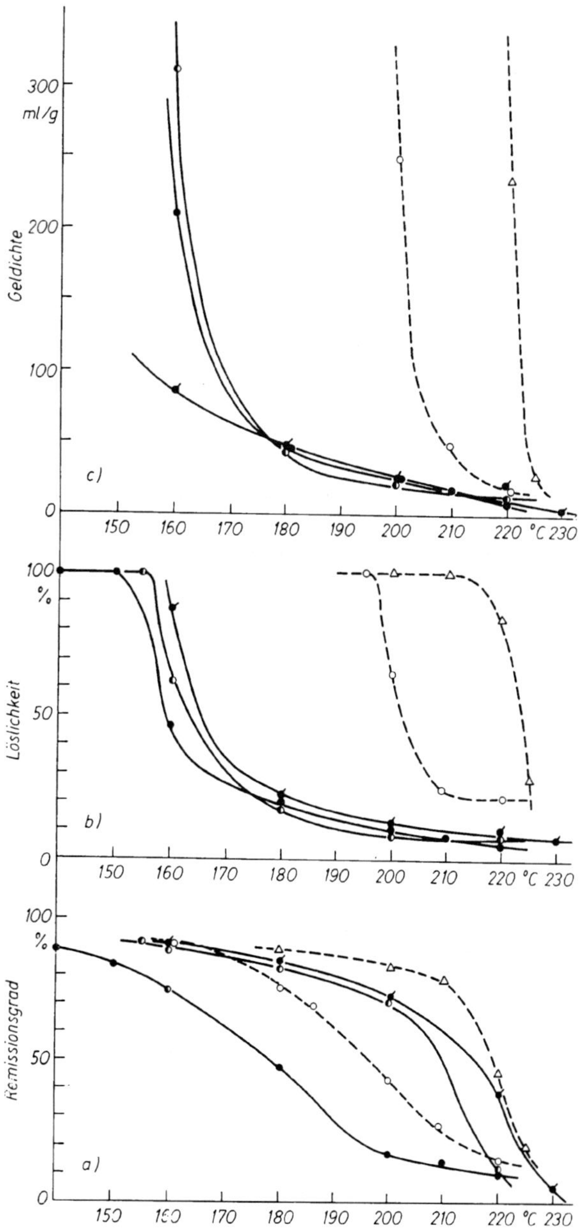

Bild 3. Thermische Verfärbung, Löslichkeit und Geldichte eines Acrylnitril/Acrylsäure(2,8%)-Copolymerisates (unstabil. und maleinimidstabil.) in Abhängigkeit von der Erhitzungstemperatur

●——● unstabilisiert
◐——◐ stabil. mit 0,018 mol N-α-Naphthylmaleinimid/100 g
●——● stabil. mit 0,036 mol N-α-Naphthylmaleinimid/100 g

Zum Vergleich Homopolymerisat:
○– – –○ unstabil.
△– – –△ stabil. mit 0,018 mol N-α-Naphthylmaleinimid/100 g

Unstabilisiertes Homopolymerisat erfährt im Bereich von 200 °C eine abrupte Löslichkeitseinbuße (Bild 2b). Bei Stabilisierung mit Monomaleinimiden tritt eine Löslichkeitsabnahme erst bei höheren Temperaturen ein. N-Phenylmaleinimid ist aus genannten Gründen wieder weniger wirksam. Das Quellvermögen der unlöslichen Anteile geht diesen Befunden parallel (Bild 2c).

Bei Stabilisierung mit Bismaleinimiden dagegen verbleiben die Löslichkeitskurven im Bereich der Kurve des unstabilisierten PAN. Eine Abflachung im oberen Teil zeigt eine schon bei tieferen Temperaturen einsetzende Löslichkeitsminderung an. Das Quellvermögen der ungelösten Anteile entspricht diesen Beobachtungen. Im Falle des N,N-Hexamethylenbismaleinimids nimmt das Quellvermögen sogar erheblich schneller ab als bei unstabilisiertem PAN. Der ausgeprägten Farbstabilisierung durch die bifunktionellen Bismaleinimide geht also ein Vernetzungsvorgang parallel. Ein und dasselbe Molekül blockiert offenbar die „Reißverschluß"reaktion an zwei verschiedenen Polymerketten (Formelbild 2).

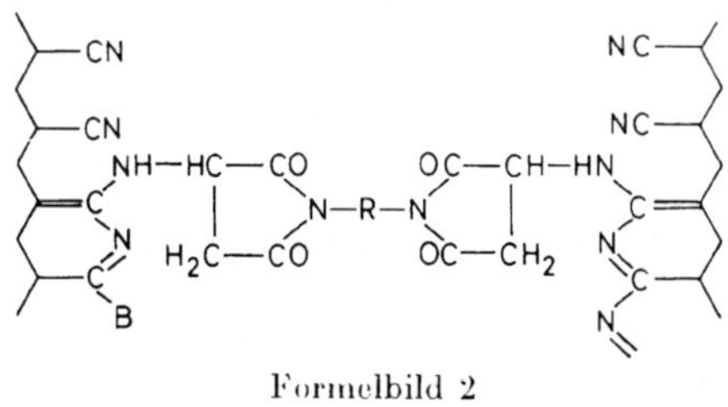

Formelbild 2

Die Vernetzung beweist, daß die Stabilisierungsreaktion in der hauptvalenzmäßigen Bindung des Stabilisators an das Makromolekül besteht. Schon früher war festgestellt worden, daß der Stabilisator sich nach dem Erhitzen nur noch unvollständig wieder extrahieren ließ. Es ist ausdrücklich festzuhalten, daß die Vernetzung durch Bismaleinimide hier ein Vorgang ist, der erst durch den Start der Nitrilgruppenkondensation möglich wird.

Dem Homopolymerisat völlig analog verhält sich das technische Acrylnitril/Vinylacetat-Copolymerisat, das von Natur aus eine schlechte Thermostabilität besitzt (Bild 2a bis c).

Ein wesentlich anderes Bild zeigt ein Acrylnitril/Acrylsäure-Copolymerisat (Bild 3a bis c). Seit den Arbeiten *N. Grassie's* [3] gilt die Carboxylgruppe als einer der wirksamsten und in normalen, ohne besondere Vorsichtsmaßnahmen hergestellten Acrylnitrilpolymerisaten stets gegenwärtigen Verfärbungsinitiatoren. Zunächst wird durch N-α-Naphthylmaleinimid die durch die Carboxylgruppen stimulierte, schon bei 140 °C einsetzende kräftige Verfärbung weitgehend unterdrückt (Vergleich mit Homopolymerisat). Eine Verdoppelung der Stabilisatorkonzentration wirkt sich nur bei höheren Temperaturen etwas aus. Der Verlauf der Löslichkeitskurve wird jedoch durch den Stabilisator nur bei tieferen Temperaturen etwas positiv beeinflußt. Ab 170 °C überdecken sich die Kurven der stabilisierten und der unstabilisierten Proben. Dasselbe Verhalten zeigen die Geldichtekurven.

Da einem Monomaleinimid Vernetzereigenschaften nicht zugesprochen werden können, geht die Vernetzung hier auf das Konto der Carboxylgruppen. Die

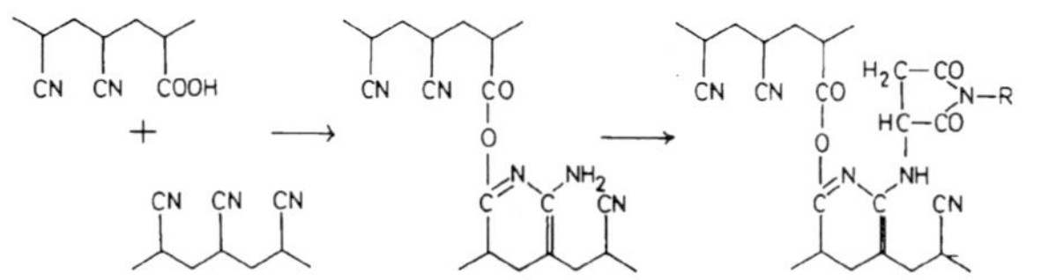

Formelbild 3

Unterdrückung der Verfärbung, sprich einer gewissen Mindestausdehnung (ca. 4 bis 5 anellierte Ringe) der „Reißverschluß"kette, macht „Wachstumsvernetzung" wenig wahrscheinlich. Vielmehr muß der Vernetzungsvorgang in der Regel mit dem Initiierungsschritt der Verfärbungsreaktion zusammenfallen. Das heißt, mindestens ein Teil der Carboxylgruppen initiiert die Nitrilgruppenkondensation nicht in der eigenen, sondern in einer benachbarten Kette (Formelbild 3). Es sollte daher hier eher von „initiation crosslinking", „Startvernetzung", gesprochen werden. Carboxylgruppen an einem intakten, d. h. beweglichen Kettenabschnitt sind dazu sicher eher in der Lage als die Imino- und Aminogruppen früher Zwischenstufen der „Reißverschluß"reaktion, die an ein starres Ringsystem gebunden sind. (Formelbild 1). Diese dürften sich vielmehr, solange der Anellierungsgrad gering ist, eher zur Reaktion mit der nahegelegenen benachbarten Nitrilgruppe der eigenen Kette veranlaßt sehen. Wird das Fortschreiten der Kondensation aber behindert (etwa durch eine entgegenkommende Kondensationskette, was schon nach durchschnittlich 4 Ringen eintreten kann [14, 15, 16]), kann die Lebensdauer der endständigen basischen Gruppen groß genug für eine „Wachstumsvernetzung" werden. In jeder Phase der fortschreitenden Kondensation dürfte ihre Reaktion mit dem Maleinimid aber schneller verlaufen als mit einer Nitrilgruppe.

Auf der anderen Seite schließt der Umstand, daß die Vernetzung durch den Stabilisator nicht unterbunden wird, eine direkte Reaktion des Maleinimids mit der Carboxylgruppe aus. Denkbar wäre zwar eine „Umimidierung" durch Öffnung des Imidringes. Wäre das die Stabilisierungsreaktion, dann sollten auch gesättigte cyclische Anhydride und Imide stabilisieren, was aber nicht der Fall ist [5]. Außerdem entstünde dabei eine neue freie Carboxylgruppe, die ihrerseits eine „Reißverschluß"kette starten könnte. Beim Erhitzen von gleichen Teilen Benzoesäure und N-Phenylmaleinimid über 2 h auf 190 °C trat keine nachweisbare Reaktion ein.

Die Stabilisierungsreaktion ist jetzt wie folgt zu formulieren: Nach einer normalen Startreaktion blockiert der Stabilisator die „Reißverschluß"reaktion in einem frühen Stadium, also beispielsweise nach dem ersten oder zweiten Kondensationsschritt, jedenfalls bevor ein sichtbarer Chromophor gebildet wird, indem sich die endständige Imino- oder Aminogruppe an seine Doppelbindung addiert. Dies gilt zumindest für den Fall der Carboxylgruppe als Initiator der Verfärbung und sicher auch für andere, kaum basische Initiatoren, wie z. B. Carboxamid -und Dicarboximidgruppen. Falls stärker basische Initiatoren vorliegen ($-NH_2$ etwa als Verseifungsprodukt nichtendständiger Ketenimingruppen [17, 18], NH_3), ist natürlich mit einer direkten Reaktion Initiator — Stabilisator zu rechnen.

Wie auch immer der eigentliche Verfärbungsinitiator in dem erwähnten, thermisch sehr instabilen Acrylnitril/Vinylacetat-Copolymerisat (Bild 2) beschaffen sein mag ($-OH$, freie Essigsäure, nucleophiler Carbonylsauerstoff), so verursacht er jedenfalls keine Startvernetzung.

Der Vollständigkeit halber muß hier noch kurz auf die Möglichkeit einer dienophilen Reaktion der Maleinimide mit dem $\left(-\overset{|}{C}=N-\right)_{konj}$-Chromophor eingegangen werden. Dehydrohalogeniertes Polyvinylchlorid, dessen Chromophor $\left(-\overset{|}{C}=\overset{|}{C}-\right)_{konj}$ ist, kann durch Erwärmen mit Maleinsäureanhydrid mindestens teilweise entfärbt werden [19]. Eine Dienreaktion mit einem in transoider Konfiguration fixierten $\left(-\overset{|}{C}=N-\overset{|}{C}=N-\right)$-Dien gilt aber als unwahrscheinlich [20]. Tatsächlich konnte keinerlei Aufhellung beobachtet werden, als ein orangebraun verfärbtes (1 h/210 °C) Homopolymerisat im Gemisch mit Maleinsäureanhydrid (Masseverhältnis 5 Grundmole Acrylnitril zu 1 mol MSA) zwischen 0,5 und 1 h auf 85 bis 120 °C erhitzt wurde.

5. *Zusammenfassung*

Die Stabilisierung des PAN durch Maleinimide gegen anaerobe thermische Verfärbung wurde IR-spektroskopisch sichtbar gemacht und ein kürzlich vorgeschlagener Stabilisierungsmechanismus durch Löslichkeitsuntersuchungen an Homo- und Copolymerisaten des Acrylnitrils, die im Gemisch mit Mono- und Bismaleinimiden erhitzt worden waren, präzisiert. Der Stabilisierungsvorgang besteht in der hauptvalenzmäßigen Bindung des Stabilisators an das Polymermolekül, wodurch die „Reißverschluß"kette der Nitrilgruppenkondensation blockiert wird. Der Ort der Reaktion am Stabilisator ist die aktivierte Doppelbindung, am Polymeren die basische Endgruppe einer frühen Zwischenstufe der „Reißverschluß"reaktion. Eine Reaktion des Maleinimids mit dem Verfärbungsinitiator findet, sofern er eine Carboxylgruppe darstellt, nicht statt.

Vernetzung als eine der postulierten Ursachen der Löslichkeitsabnahme bei erhitzten Acrylnitrilpolymerisaten konnte eindeutig nachgewiesen werden: An der Polymerkette fixierte Carboxylgruppen neigen zur „Startvernetzung" („initiation crosslinking").

Ein praktisches Ergebnis der vorliegenden Untersuchungen besteht darin, daß es möglich geworden ist, PAN nachträglich durch bloßes Erhitzen mit Bismaleinimiden zu vernetzen, wobei die thermische Verfärbung weitgehend oder vollständig unterdrückt wird. Ein höherer Vernetzungsgrad läßt sich bei carboxylgruppenhaltigem PAN erzielen. Unter diesen Umständen werden auch Monomaleinimide wirksam [21]. Im ersteren Falle geht die Vernetzung auf die bifunktionellen Bismaleinimide zurück, im zweiten Falle auf die Carboxylgruppen, die die „Reißverschluß"reaktion in einer fremden Kette starten. Die Initiierung der Nitrilgruppenkondensation ist im ersten Falle die Vorbedingung, im zweiten Falle die unmittelbare Ursache der Vernetzung.

Herrn Dipl.-Phys. *K. Hübner* sei für die Ausführung der Reflexionsmessungen, Herrn Dr. *R. Schmolke* für die Aufnahme der IR-Spektren gedankt.

Literatur

[1] *Makschin, W.:* Untersuchungen zur thermischen Verfärbung des Polyacrylnitrils. Dissertation Leuna-Merseburg 1967.
Ulbricht, J., und *Makschin, W.:* Untersuchungen zur thermischen Verfärbung des Polyacrylnitrils. Faserforsch. u. Textiltechnik **20** (1969) 4, S. 170–178.

[2] *Friedlander, H. N., Peebles, L. H., jr., Brandrup, J.,* und *Kirby, J. R.*: On the chromophor of polyacrylonitrile. VI. Mechanism of color formation in polyacrylonitrile. Macromolecules **1** (1968) 1, S. 79—86.
[3] *Grassie, N.,* und *Hay, J. N.*: Thermal coloration and insolubilization of polyacrylonitrile. J. Polymer Sci. **56** (1962) S. 189—202, und vorausgegangene Arbeiten.
[4] *Grassie, N.,* und *McNeill, I. C.*: Thermal degradation of polymethacrylonitrile. Part V. The mechanism of the initiation step in coloration reactions. J. Polymer Sci. **39** (1959) S. 211—222.
[5] *Runge, J.,* und *Nelles, W.*: Zur Inhibierung der thermischen Verfärbung des Polyacrylnitrils. Faserforsch. u. Textiltechnik **21** (1970) 3, S. 105—110.
[6] *Takata, T., Hiroi, I.,* und *Taniyama, M.*: Coloration in acrylonitrile polymers. J. Polymer Sci., A—2: Polymer Physics (1964) S. 1567—1585.
[7] *Grassie, N.,* und *McNeill, I. C.*: Thermal degradation of polymethacrylonitrile. Part II. The coloration reaction. J. Polymer Sci. **27** (1958) S. 207—218.
[8] *Bircumshaw, L. L., Tayler, F. M.,* und *Whiffen, D. H.*: Paracyanogen: Its formation and properties. Part I. J. chem. Soc. (1954) S. 931—935.
[9] *Peška, J., Beneš, M. J.,* und *Wichterle, O.*: The anionic polymerization of cyanogen. Coll. czechoslov. chem. Commun. **31** (1966) S. 243—251.
[10] *Berlin, A. A., Dubinskaja, A. M.,* und *Moškovskij, Ju. S.*: Thermische Behandlung von in DMF gelöstem Polyacrylnitril. Vysokomol. Soed. (Hochmol. Verbind.) **6** (1964) 11, S. 1938—1943; dt. in: Sowj. Beitr. Faserforsch. Textiltechnik **2** (1965) 3, S. 116—119.
[11] *Fester, W.*: Untersuchungen über die Verfärbung von Polyacrylnitril. IV. Polymeranaloge Umsetzungen an durch Erhitzung verfärbtem Polyacrylnitril. J. Polymer Sci., C: Polymer Symposia (1967) 16, S. 755—763, und vorausgegangene Arbeiten.
[12] *Conley, R. T.,* und *Bieron, J. F.*: Examination of the oxidative degradation of polyacrylonitrile using infrared spectroscopy. J. appl. Polymer Sci. **7** (1963) S. 1757 bis 1773.
[13] *Hay, J. N.*: Thermal reactions of polyacrylonitrile. J. Polymer Sci., A—1: Polymer Chem. (1968) 6, S. 2127 bis 2135.
[14] *Flory, P. J.*: Statistics of intramolecular aldol condensations in unsaturated keton polymers. J. amer. chem. Soc. **64** (1942) S. 177—179.
[15] *Wall, F. T.*: Intramolecular condensations in polymers. J. amer. chem. Soc. **64** (1942) S. 269—273.
[16] *Noh, I.,* und *Yu, H.*: Kinetics and statistics of structural changes in polyacrylonitrile. J. Polymer Sci., B: Polymer Letters **4** (1966) S. 721—726.
[17] *Schneider, Ch.,* und *Herz, J.*: Die strahlenchemische Bildung von KeteniminGruppen bei der Tieftemperatur-Polymerisation des Acrylnitrils. Makromol. Chemie **73** (1964) S. 128—140.
[18] *Crosthwaite, J. C., McLeskey, J. J.,* und *Smith, P.*: Formation of keteneimine links in acrylonitrile polymers under free radical conditions. Canad. J. Chem. **40** (1962) S. 1879—1881.
[19] Reduction of color in vinyl resins. Carbide and Carbon Chemicals Corp., New York. USP 2394418 vom 29. 6. 43.
[20] *Sauer, J.*: *Diels-Alder*-Reaktionen: Zum Reaktionsmechanismus. Angew. Chemie **79** (1967) S. 76—94, bes. S. 80.
[21] Verfahren zur Herstellung vernetzter Acrylnitrilpolymerisate. VEB Chem. Werke Buna, Schkopau. Patentanmeldung WP 147789 vom 28. 5. 70.

Eingegangen am 24. August 1970

Vernetzung des ägyptischen PERLON-Faserstoffes durch Reaktion mit Schwefeldichlorid

Semi Abd El-Garf

Chemical Engineering Department, Faculty of Engineering, University of Alexandria, U. A. R.

DK 677.675'126:541.6:541:124:546.22'131

Vernetzter PERLON-Faserstoff wurde durch Reaktion mit Schwefeldichlorid erhalten. Der Einfluß der Konzentration des Schwefeldichlorids auf die Reaktion bei verschiedenen Lösungsmitteln und bei verschiedenen Temperaturen wurde untersucht. Es wurde festgestellt, daß sich die Seide bei einer Schwefeldichloridkonzentration von 20% löst. Die kinetischen Kurven haben bei Anwendung unterschiedlicher Lösungsmittel denselben Verlauf. Der Schmelzpunkt wurde bei einem Schwefelgehalt von mehr als 5% stark erhöht, wobei sich der Faserstoff kräuselte.

Структурирование египетского полиамидного волокна путем реакции с двуххлористой серой

Модификация полиамидного волокна осуществлялась путем воздействия на него двуххлористой серы. Изучалось влияние концентрации двуххлористой серы на процесс сшивки при различных температурах и применении различных растворителей. Установлено, что при концентрации двуххлористой серы в 20% наблюдается растворение волокна. Кинетические кривые не различаются между собой независимо от выбора растворителя. При содержании серы в волокне выше 5% температура плавления сильно повышается, а волокно становится извитым.

Cross-Linking of the Egyptian Perlon fibres by the Reaction with sulphur dichloride

Cross-Linked Perlon Fibres were obtained by the reaction with sulphur dichloride. The effect of concentration of sulphur dichloride on the reaction was studied using different solvents and at different temperatures. It was found that at a concentration of sulphur dichloride of 20%, the yarns dissolved. The kinetic curves for different solvents have the same character. The melting point greatly increased at sulphur content higher than 5% the cross-linked fibres are crimped.

Die Herstellung und die Untersuchung der Eigenschaften von vernetzten Chemiefaserstoffen ist ein interessanter Gegenstand der Forschung. Dies erklärt sich daraus, daß das Herbeiführen von Vernetzungen zu Faserstoffen mit neuen Eigenschaften führt [1 bis 5]. Das trifft insbesondere dann zu, wenn ein gebräuchlicher Faserstoff, wie Polyamid, dieser Behandlung unterworfen wird. Eine der so herbeigeführten Eigenschaften ist die chemische Kräuselung solcher Faserstoffe.

Die Herstellung chemisch gekräuselter Faserstoffe ist deshalb wichtig, da anderenfalls die Kräuselung mechanisch hervorgerufen wird, wobei sie nicht dauerhaft ist, oder auf Mischungen von Faserstoffen mit unterschiedlichem Schrumpfvermögen beruht.

Die Herbeiführung einer Sulfid-Vernetzung gelingt bei KAPRON-Faserstoff durch Reaktion mit Schwefelmonochlorid [6, 7].

Durch eine frühere Untersuchung wurde gezeigt [8, 9], daß eine Verbindung, die labilen Wasserstoff enthält, mit Schwefelmonochlorid in folgender Weise reagieren kann

$$R-HN_2 + S_2Cl_2 = R-NH-SS-Cl + HCl.$$

Die Reaktion des Schwefelmonochlorids mit dem Wasserstoffatom der Hydroxylgruppe kommt zur Herbeiführung von Vernetzungen in Viskose- und Polyvinylalkoholfaserstoff [4, 5] zur Anwendung. Für die Reaktion von Polyamid mit Schwefelmonochlorid wurde folgendes Schema vorgeschlagen [8]:

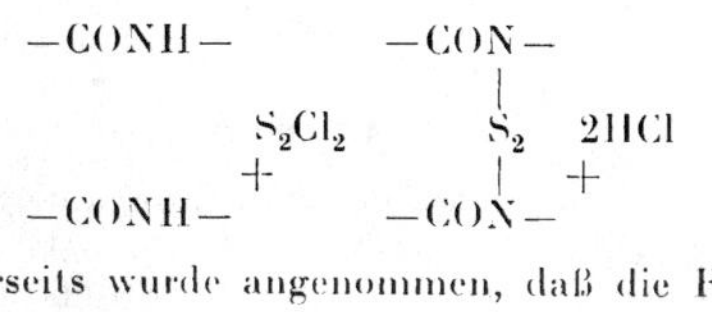

Andererseits wurde angenommen, daß die Reaktion wie folgt verläuft [6]:

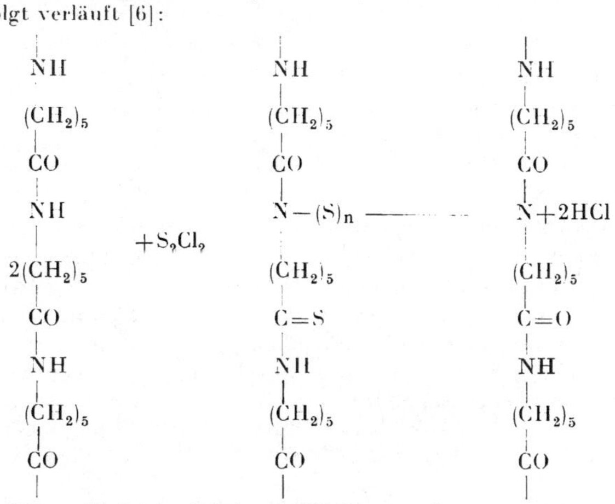

Dieser Verlauf wird durch IR-Untersuchungen gestützt. Die Sulfid-Vernetzung von KAPRON-Faserstoff durch Reaktion mit Schwefelmonochlorid führt zur chemischen Kräuselung. Diese ist, ebenso wie bei Wolle, im nassen Zustand des Faserstoffes beständig. Dieselbe Erscheinung wurde früher schon von *Brucks* [1] festgestellt, als er eine große Zahl von Disulfid-Vernetzungen bei Polyamid 6 herbeiführte.

Weitere Untersuchungen über die Reaktion von Polyamidfaserstoffen mit Schwefeldichlorid liegen nicht vor. Daher ist es interessant, den Einfluß einiger Faktoren, wie Schwefeldichloridkonzentration, Zeit, Temperatur und Art des Lösungsmittels, auf diese Reaktion zu untersuchen.

Experimentelle Ergebnisse und Diskussion

Der untersuchte Faserstoff war in Kafr El-Dawar in der UAR hergestellter PERLON-Faserstoff (Misr Nylon) mit 40/8 den/Elementarfaden und Zwirnung 200. Der Faserstoff hatte keine Präparation. Nach Behandlung mit einer Mischung des Lösungsmittels mit Pyridin im Verhältnis 5 : 1 für 30 min bei 80 bis 100 °C wurde die Temperatur auf 60 °C herabgesetzt, Schwefeldichlorid zugesetzt und die Behandlung weitergeführt.

Die Schwefeldichloridkonzentration und die Art des Lösungsmittels wurden variiert. Das Flottenverhältnis betrug 1 : 50. Nach Abschluß der Reaktion wurde der behandelte Faserstoff bei Zimmertemperatur mit Aceton und 1%iger wäßriger NaOH-Lösung gewaschen, dann, zur Beseitigung des nicht zur Reaktion gekommenen Schwefels, in 5%iger Natriumsulfitlösung gekocht, und schließlich wurde der Schwefelgehalt bestimmt [7].

Tabelle 1. Der Einfluß der Schwefeldichloridkonzentration in der Reaktionsmischung auf die Massezunahme

Konzentration des SCl Masse-%	Massezunahme %	Schwefelgehalt %
1	1,8	1,5
5	4,5	4,1
8	6,0	6,4
10	7,0	7,2
15	9,0	9,3
20	Faser löst sich	—

Bedingungen: Reaktionsdauer 4 h
Temperatur 60 °C
Lösungsmittel Tetrachlorkohlenstoff

Es ist schwierig, genau reproduzierbare Werte zu erhalten, da die Reaktion in einem heterogenen Medium durchgeführt wurde. Ähnliches wurde schon früher für den Fall der Reaktion von S_2Cl_2 mit KAPRON [7] berichtet. Demgemäß sind unsere Ergebnisse Mittelwerte aus fünf Versuchen. Die für jede Kurve oder eine Tabelle erforderlichen Versuche wurden zusammen und gleichzeitig in einem Thermostaten durchgeführt, so daß der relative Fehler immer vernachlässigbar war.

Um die vorteilhaftesten Bedingungen für die Vernetzung zu ermitteln, müssen einige Einflußfaktoren untersucht werden. Zunächst wurde der Einfluß der Schwefeldichloridkonzentration auf die Massezunahme der behandelten Faserstoffe verfolgt. Die Ergebnisse sind in Tabelle 1 zusammengefaßt. Aus dieser Tabelle geht hervor, daß eine SCl_2-Konzentration von 5 bis 10% zu einer geringfügigen Massezunahme führt. Werden 20% überschritten, löst sich der Faserstoff. Demnach darf keine SCl_2-Konzentration von mehr als 20% zur Anwendung kommen.

Ferner ist eine Untersuchung des Einflusses der Reaktionsdauer auf die Löslichkeit des Faserstoffes in SCl_2 von Interesse, wenn die Konzentration des SCl_2 in der Reaktionsmischung 20% beträgt. Die Ergebnisse sind in Tabelle 2 dargestellt.

Hier erkennt man, daß bei einer SCl_2-Konzentration von 20% und einer Reaktionsdauer von weniger als 4 h die Ausbeute nicht nennenswert zunimmt. Die maximale Massezunahme ist 6%. Die Ausbeute ist durch die Löslichkeit des Faserstoffes bei dieser Konzentration und einer Reaktionsdauer von 4 h begrenzt.

Um einen Faserstoff mit höherem Schwefelgehalt zu erhalten, ist eine SCl_2-Konzentration von 15% oder 10% vorzuziehen (Tabelle 1), weil diese beiden Kon-

Tabelle 2. Der Einfluß der Reaktionsdauer auf die Massezunahme

Reaktionsdauer min	Massezunahme %	Schwefelgehalt %
10	1,3	1,1
30	5,1	4,5
120	6,0	5,7
180	6,3	6,2
240	Faser löst sich	—

Bedingungen: SCl_2-Konzentration 20%
Temperatur 60 °C
Lösungsmittel Tetrachlorkohlenstoff

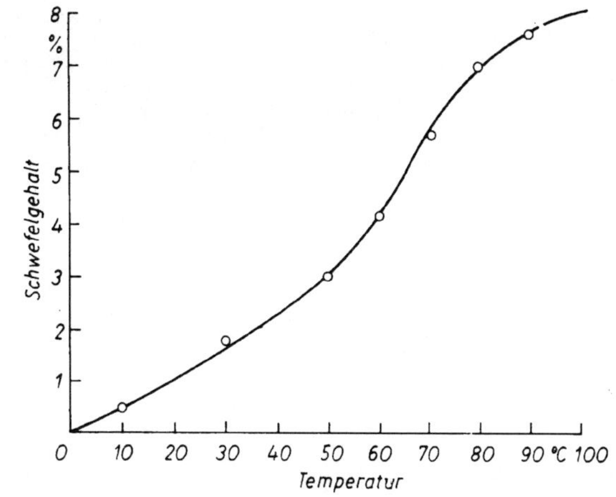

Bild 1. Temperatureinfluß auf den Schwefelgehalt im Faserstoff

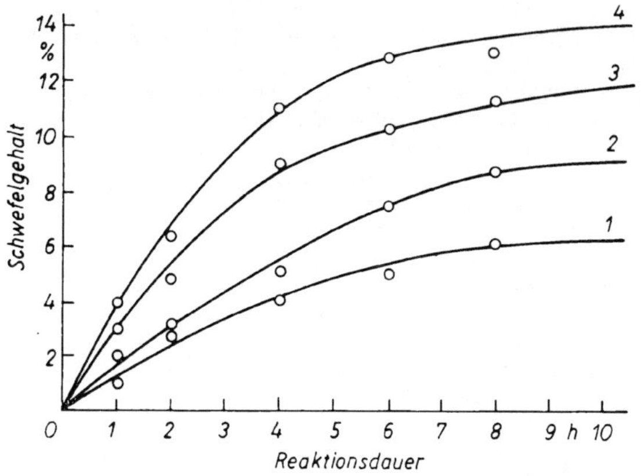

Bild 2. Lösungsmitteleinfluß auf den Schwefelgehalt
1 — Tetrachlorkohlenstoff 3 — Toluol
2 — Xylol 4 — Äthylacetat

zentrationswerte eine Erhöhung der Reaktionsdauer ermöglichen.

Bei der Untersuchung des Einflusses der Temperatur auf die Reaktion des PERLON-Faserstoffes mit Schwefeldichlorid wurde eine Schwefeldichloridkonzentration von 5% benutzt und die Reaktion wurde über eine Zeit von 4 h erstreckt. Die Temperatur wurde zwischen 20 und 100 °C verändert. Die Ergebnisse sind in Bild 1 dargestellt. Man sieht, daß der Schwefelgehalt mit zunehmender Temperatur ansteigt.

Der größte Schwefelgehalt bei geringster Reaktionsdauer wurde bei Faserstoffen festgestellt, die bei hoher Temperatur vorbehandelt wurden.

Ferner ist es von technischem und wirtschaftlichem Interesse, den Einfluß der verschiedenen Lösungsmittel auf die Vernetzungsreaktion zu verfolgen. Daher kamen Tetrachlorkohlenstoff, Toluol, Xylol und Äthylacetat als Lösungsmittel zur Anwendung. Die anderen Reaktionsbedingungen blieben unverändert. Nur die Schwefeldichloridkonzentration wurde auf 5% herabgesetzt. Die mit den genannten Lösungsmitteln erhaltenen kinetischen Kurven zeigt Bild 2. Es zeigt sich, daß die kinetischen Kurven bei allen Lösungsmitteln denselben Verlauf haben. Die Reaktionsgeschwindigkeit ist bei Reaktionsbeginn beträchtlich höher als am Ende der Reaktion. Gemäß der Zunahme der Reaktionsgeschwindigkeit können die Lösungsmittel in folgende Reihe geordnet werden: Tetrachlorkohlenstoff, Xylol, Toluol, Äthylacetat.

Das Aussehen der behandelten Faserstoffe ist je nach dem bei der Reaktion benutzten Lösungsmittel unterschiedlich. Unter sonst gleichen Bedingungen erstreckte sich das Aussehen vom blassen Gelb bei Behandlung in Gegenwart von Tetrachlorkohlenstoff bis zu einer bräunlichen Färbung bei Anwendung von Äthylacetat als Lösungsmittel. Die Anwendung von Toluol als Lösungsmittel führt zu goldgelber Färbung und weichem Griff der behandelten Seide. Xylol als Lösungsmittel bei der Reaktion ruft eine bräunlichgelbe Färbung hervor.

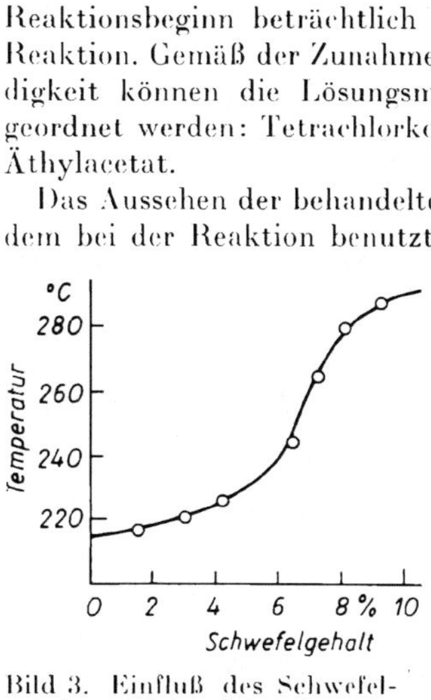

Bild 3. Einfluß des Schwefelgehaltes auf den Schmelzpunkt

Die Umwandlung eines linearen zu einem vernetzten Polymeren ist von einer wesentlichen Veränderung des Schmelzpunktes begleitet. Der Schmelzpunkt des vernetzten PERLON wurde bestimmt. Die Ergebnisse sind in Bild 3 veranschaulicht. Wenn der Schwefelgehalt nicht höher als 5% ist, bleibt der Schmelzpunkt dem der unbehandelten Seide nahezu gleich. Eine weitere Erhöhung des Schwefelgehaltes bringt eine erhebliche Erhöhung des Schmelzpunktes mit sich.

Literatur

[1] *Bruck, S. D.:* Fiber-structure. Property relationships: A disulfide cross-linked self-crimping polyamide. J. Res. Nat. Bur. Standards A **65** (1961) 6, S. 489—494.
[2] *Bruck, S. D.:* Ultraviolet stability of cross-linked polycaprolactam systems. J. Res. Nat. Bur. Standards A **66** (1962) 6, S. 489—495.
[3] *Ajchodžaev, B. I., Usmanov, Ch. U., Inojatov, N. Š.,* und *Zaurov, R. I.:* Die Vernetzung von Hydratcellulosefasern mit Chlorschwefel. Vysokomol. Soed. (Hochmol. Verbind.) **3** (1961) 6, S. 806—810.
[4] *Inojatov, N. Š.,* und *Ajchodžaev, B. I.:* Einfluß von Vernetzungen auf chemische und physikomechanische Eigenschaften von Polyvinylalkoholfasern. Chim. fiz.-chim. Prirodn. sintetich Polimerov, Akad. Nauk uz SSR, Inst. Chim. polimerov (1964) 2, S. 169—174.
[5] *Bruck, S. D.:* Fiber-structure. Property relationships II. Macroscopic deformation of alkylene sulfide cross-linked polycaprolactam fibers. J. Res. Nat. Bur. Standards A **66** (1962) 1, S. 77—81.
[6] *Smol'nikova, L. G., Konkin, A. A.,* und *Makarevič, N. I.:* Strukturierung von KAPRON-Fäden mit Lösungen von Dischwefeldichlorid. Chim. Volokna (Chem. Fasern) (1966) 1, S. 26—29; dt. in: Sowj. Beitr. Faserforsch. Textiltechnik **3** (1966) 5, S. 246—249.
[7] *Strašnova, T. T., Michajlov, N. V.,* und *Majboroda, V. I.:* Strukturierung von KAPRON-Fäden mit Lösungen von Dischwefeldichlorid. Chim. Volokna (Chem. Fasern) (1966) 1, S. 22—26; dt. in: Sowj. Beitr. Faserforsch. Textiltechnik **3** (1966) 5, S. 242—246.
[8] *Glazer, J.,* und *Schulman, J. H.:* Vulcanisation of crepe rubber by sulphur monochloride. Part I. J. Polymer Sci. **14** (1954) 74, S. 169—179.
[9] *Glazer, J.:* Vulcanisation of crepe rubber by sulphur monochloride. Part II. The dilatometer method. J. Polymer Sci. **14** (1954) 75, S. 225—240.

Eingegangen am 26. August 1970

Einfluß der Lösetemperatur auf die Eigenschaften von PVC-Spinnlösungen

V. D. Fichman, V. M. Alekseeva, V. Z. Volkov und G. V. Vinogradov

Allunions-Forschungsinstitut für Synthesefasern, Kalinin/UdSSR

DK 678.743.22:677.021.125.2:532.13:677..494.061.7

Die rheologischen Eigenschaften von PVC-Spinnlösungen in DMF wurden in Abhängigkeit von der Lösetemperatur untersucht. Mit Erhöhung der Lösetemperatur werden die Viskosität in einem breiten Spannungs- und Geschwindigkeits-Deformationsbereich niedriger und die übermolekularen Teilchengrößen in den Lösungen kleiner. Die Werte der maximalen Düsen- und Heißreckung beim Erspinnen der Fäden vergrößern sich. Die Festigkeit und die Dauerbiegezahl der Fäden nehmen zu.

Влияние температуры растворения на свойства прядильных растворов ПВХ

Изучены реологические свойства прядильных растворов ПВХ в ДМФ в зависимости от температуры растворения. При увеличении температуры растворения наблюдается понижение вязкости в широком интервале натяжения и скорости деформации и уменьшение размеров надмолекулярных частиц в растворах. Значения максимальной фильерной и горячей вытяжки при формовании волокна увеличиваются также, как и прочность и число двойных изгибов.

Effect of the Temperature of Dissolution on the Properties of Polyvinylchloride Spinning Solutions

The rheological properties of polyacrylonitrile spinning solutions in dimethylformamide have been investigated in dependence on the temperature of dissolution. Increasing the temperature of dissolution results in lower viscosity over wide ranges of stress and rate of deformation and in reduced size of the supramolecular particles of the solution. The maximum drawing ratio of the filaments in withdrawing from the spinneret and after-stretching as well as the strength and the dynamic bending resistance become higher.

1. *Einleitung und Aufgabenstellung*

In den letzten Jahren wurde in einer Reihe von Arbeiten der unbestreitbare Einfluß der übermolekularen Struktur der Polymerlösungen auf die Eigenschaften der aus ihnen hergestellten Faserstoffe [1 bis 4], Folien [5] und Filme [6] herausgestellt. Offensichtlich ist auch der wesentliche Einfluß der mechanischen (rheologischen) Eigenschaften der Polymerlösungen auf ihr technologisches Verarbeitungsverfahren, das seinerseits Unterschiede in der Struktur und in den Eigenschaften der Erzeugnisse verursachen kann. In diesem Zusammenhang ist das umfassende Studium der Beziehungen zwischen der Struktur und den Eigenschaften der Polymerlösungen, den Bedingungen der Herstellung von Erzeugnissen daraus und den Eigenschaften dieser Erzeugnisse eine aktuelle wissenschaftlich-technische Aufgabe.

In der vorliegenden Arbeit wird über Ergebnisse der Untersuchung der rheologischen Eigenschaften von Polyvinylchloridlösungen (PVC) in Dimethylformamid (DMF) berichtet und der Versuch unternommen, den Zusammenhang zwischen den verschiedenen Charakteristiken der Lösungen, den Herstellungsbedingungen und den Eigenschaften der Faserstoffe zu bestimmen.

Es wurde ein Polymeres verwendet, das durch Polymerisation von Vinylchlorid bei niedrigen Temperaturen hergestellt wurde und eine höhere Syndiotaktizität und infolgedessen eine höhere Wärmebeständigkeit hatte als industriell hergestelltes PVC. Faserstoffe aus wärmebeständigem Polyvinylchlorid (TPVC) besitzen im Vergleich mit anderen PVC-Faserstoffen bessere Gebrauchseigenschaften. Die Erhöhung der Stereospezifität von PVC führt aber zur Verschlechterung seiner Löslichkeit und zur stärkeren Abhängigkeit der Eigenschaften der PVC-Lösungen von ihren Herstellungsbedingungen, insbesondere von der Lösetemperatur [7]. Letzteres erlaubt es, verhältnismäßig leicht die übermolekulare Struktur der TPVC-Lösungen [4] zu ändern, ohne Veränderung der molekularen Eigenschaften des Polymeren und der Zusammensetzung der Lösung, was für die experimentelle Untersuchung des Problems wesentlich war.

2. *Versuchsmethodik*

2.1. *Ausgangsstoffe*

Für die Untersuchungen wurde wärmefestes PVC verwendet, das durch Suspensionspolymerisation bei einer Temperatur unter 0 °C hergestellt wurde. Die Intrinsic-Viskosität in Cyclohexanol betrug bei 25 °C $[\eta] = 1{,}7$. Die Glastemperatur, die mittels der *Kargin*schen Waage bestimmt wurde, war 95 °C. Der sogenannte Syndiotaktizitätsindex betrug

$$\frac{D_{635}\ \mathrm{cm}^{-1}}{D_{693}\ \mathrm{cm}^{-1}} = 1{,}53,$$

wo $D_{635}\ \mathrm{cm}^{-1}$ und $D_{693}\ \mathrm{cm}^{-1}$ die Intensität der Infrarot-Absorptionsspektren von PVC bei 635 cm^{-1} und 693 cm^{-1} bedeuten.

Es wurde Dimethylformamid „chemisch rein" verwendet. $T_{\mathrm{Kp}} = 153$ °C.

2.2. *Herstellung der Lösungen von TPVC in DMF*

Die Herstellung der TPVC-Spinnlösungen weist folgende Besonderheiten auf:

a) Die Lösetemperatur T_L darf nicht niedriger als die Glastemperatur T_G des Polymeren sein.

b) Die Abbaugeschwindigkeit von in DMF gelöstem PVC ist um zwei bis drei Größenordnungen höher als für ein Blockpolymeres.

c) Die Abkühlung der Lösungen auf Temperaturen niedriger als 70 bis 80 °C führt zu einer solchen Erhöhung der Viskosität, daß das Erspinnen von Fäden auf einer gewöhnlichen Anlage unmöglich wird [7].

Die Zeit, die zum Lösen von TPVC erforderlich ist, wird mit Erhöhung der Lösetemperatur kürzer; aber je höher sie ist, desto schneller erfolgen die chemischen Veränderungen des Polymeren und die dadurch bedingte Trübung der Lösungen und Erhöhung ihrer Viskosität [8, 9].

Auf Grund der bezüglich der Herstellung von TPVC-Lösungen in DMF in unserem Laboratorium gesammelten Erfahrungen und des Studiums der chemischen Veränderungen des Polymeren in der Lösung wurden die Versuche folgendermaßen durchgeführt:

Das pulverförmige Polymere wurde in der Kälte mit DMF vermischt; die entstandene Suspension wurde schnell bis zur Lösetemperatur erhitzt, und nach Beendigung des Löseprozesses (Erreichen einer konstanten Viskosität bei T_L) wurde die Lösung durch ein Stoffilter in ein Gefäß der Spinnanlage oder des Viskosimeters filtriert, in der die Lösung auf 80 °C abgekühlt, thermostatisiert (80 °C ± 0,1 grd) und im

Laufe von 2 h entlüftet wurde. Danach wurden viskosimetrische Messungen oder Erspinnungsversuche durchgeführt, die unbedingt an demselben Tag beendet werden mußten (8 bis 12 h nach Lösebeginn). Unter diesen Bedingungen verändern sich für Lösungen, die bei T_L = 100 bis 150 °C hergestellt wurden, Viskosität und optische Dichte (im Bereich der möglichen Meßgenauigkeit) sowie die Intrinsic-Viskosität des aus ihnen ausgefällten Polymeren nicht.

2.3. Durchführung der rheologischen Messungen

Zur Untersuchung der rheologischen Eigenschaften der Lösungen wurden ein Hochdruckkapillarviskosimeter GKVPD-150, das dem Gerät analog ist, das in [10] beschrieben ist, ein Rotationsviskosimeter „Rheotest" und ein *Höppler*-Viskosimeter benutzt.

Die Auswertung der experimentell erhaltenen Daten der Kapillarviskosimetrie erfolgte nach den allgemein üblichen Methoden. Entsprechend dem Druckabfall an den Kapillarenden wurde die Scherspannung an der Wand (τ_R) und entsprechend der durchflossenen Menge der mittlere Gradient der Schergeschwindigkeit ($\bar{\gamma}$) berechnet. Bei Anwendung der 2-Kapillarenmethode wurde die korrigierte Scherspannung (τ_{R_0}) ermittelt. Durch die Korrektur nach *Rabinowitsch/Weißenberg* wurde der Schergeschwindigkeitsgradient an der Kapillarwand bestimmt ($\dot{\gamma}_R$). Das Verhältnis $\tau_{R_0}/\dot{\gamma}_{RL}$ stellt die Lösungsviskosität (η) dar.

Es wurden geeichte Glaskapillaren mit gleichem Radius (R = 0,0275 cm) und verschiedener Länge (L/R = 59 und 253) verwendet. Der maximale Unterschied zwischen parallelen Viskositätsmessungen betrug 3,4%.

Bei der Durchführung der Messungen mit dem „Rheotest" wurde in jeder Versuchsreihe der kleinste Wert von $\dot{\gamma}$ vorgegeben und der zeitliche Verlauf von τ registriert.

Nach Erreichen stationärer Fließbedingungen (τ = konst) erhöhten wir die Deformationsgeschwindigkeit und beobachteten wieder die Änderung von τ. Es wurden mindestens drei Parallelversuche durchgeführt. Der maximale Unterschied zwischen den parallelen Bestimmungen im stationären Zustand war nicht höher als 8%.

Die Viskositäten, die mit dem *Höppler*-Viskosimeter mit Hilfe verschiedener Kugeln gemessen worden waren, wurden für die Fließkurven benutzt. Dabei berechneten wir den Schergeschwindigkeitsgradienten nach der Formel:

$$\dot{\gamma} = \frac{H}{t(R - r)}, \qquad (1)$$

wobei H = Kugelfallhöhe in cm,
t = Kugelfallzeit in s,
R = Viskosimetermeßrohrradius in cm und
r = Kugelradius in cm

sind.

Eine solche Berechnung ist nicht genügend korrekt, weil das Meßrohr des *Höppler*-Viskosimeters schräg steht und infolgedessen der Abstand zwischen der Kugel und den Rohrwänden nicht konzentrisch ist. Zur Bestimmung von η_0 ist jedoch nicht die Viskosität bei einer Deformationsgeschwindigkeit wesentlich, sondern die Konstanz der Viskosität in einem genügend großen Bereich der Veränderungen von $\dot{\gamma}$.

Zu diesem Zweck scheint es uns möglich, die Berechnung nach der Formel (1) durchzuführen. Die Viskositäten, die sich bei der Bestimmung mit Hilfe des *Höppler*-Viskosimeters mit verschiedenen Kugeln um mehr als 5% voneinander unterschieden, wurden nicht verwendet.

2.4. Erspinnen von Fäden

Bild 1 zeigt das Schema der Laborspinnanlage (LSA). Zur Gewährleistung einer konstanten Temperatur der in die Düse gelangenden Lösung waren alle Rohrleitungen an der

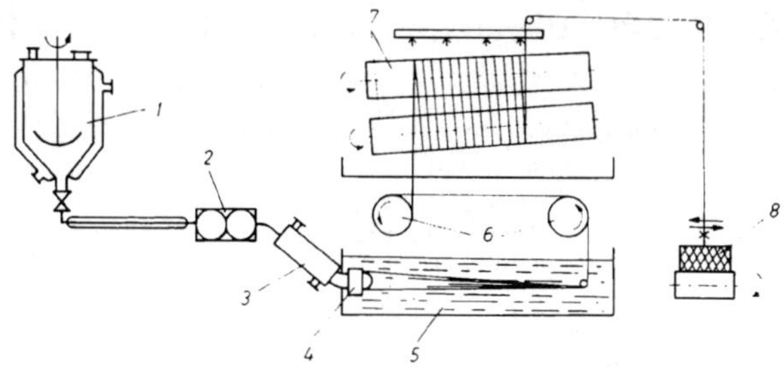

Bild 1. Schema der Laborspinnanlage
1 — Behälter für die Aufbereitung der Spinnlösung, 2 — Dosierpumpe, 3 — Filterkerze, 4 — Düse, 5 — Fällbad, 6 — Reckrollen, 7 — Waschrollen, 8 — Aufnahmemechanismus

Spinnanlage mit Mänteln versehen, durch die Wasser mit 80 °C ± 0,1 grd gepumpt wurde.

Die Fäden wurden in einem Fällbad ersponnen, das aus einem Gemisch von DMF und Wasser (85:15, bezogen auf die Masse) bei 30 °C bestand. Bei allen Versuchen der Fadenherstellung benutzten wir Platindüsen mit 100 Löchern vom Durchmesser 0,08 mm. Die Ausspritzgeschwindigkeit der Lösung ($V_{\text{Ausspr.}}$) betrug immer 16,1 m/min, der Fadenweg von der Düse bis zur Abzugsgalette der LSA 100 cm. Es wurde auch die maximale Düsenreckung bestimmt:

$$B = \frac{V_{\text{Ausspr.}} - V_{\text{Abzug}}}{V_{\text{Abzug}}} \cdot 100\%,$$

wobei B = Düsenreckung, V_{Abzug} = Fadengeschwindigkeit auf der Abzugsgalette bedeuten. Dazu wurde V_{Abzug} bis zum Fadenbruch erhöht. Der aus dem Fällbad austretende Faden wurde in Luft gereckt, mit Wasser von Lösungsmittelresten frei gewaschen und bei Zimmertemperatur getrocknet. Bei der Reckung wurden die Kräfte im Faden bei den verschiedenen Reckverhältnissen (ε) gemessen. Die Spannung in dem zu reckenden Faden berechneten wir nach der Formel:

$$\sigma = \frac{P \cdot 100 \cdot \varrho}{T} \text{ p/mm}^2, \qquad (2)$$

wobei P = Reckkraft des Fadens in p,
ϱ = spezifisches Gewicht der Faser in g/cm³ und
T = Faserfeinheit in tex (g/cm)

sind.

Der getrocknete Faden wurde das zweite Mal in Glycerin bei 110 °C gereckt. Es wurden die höchstmöglichen Stufen der ersten und zweiten Reckung ausgewählt (bis zum visuell beobachteten Bruch einzelner Kapillaren). Bei jeder untersuchten Lösung wurden vier bis fünf Versuche der Faserherstellung durchgeführt. Die maximalen Abweichungen der parallelen Bestimmungen der maximalen Reckverhältnisse überstiegen 10% nicht.

Die Reißfestigkeit der Fäden wurde mit einem Zugprüfgerät der Firma „Schopper", die Doppelbiegefestigkeit mit dem Gerät „Sinus" bestimmt. Es wurden 50 Paralleluntersuchungen je Faserprobe durchgeführt; der Variationskoeffizient überstieg dabei 10% nicht.

3. Ergebnisse und Diskussion

3.1. Rotationsviskosimetermessungen

Die vollständigsten Erkenntnisse der rheologischen Eigenschaften erhält man durch das komplexe Studium der Polymersysteme in den verschiedenen Deformationsstufen bis zum stationären Fließen.

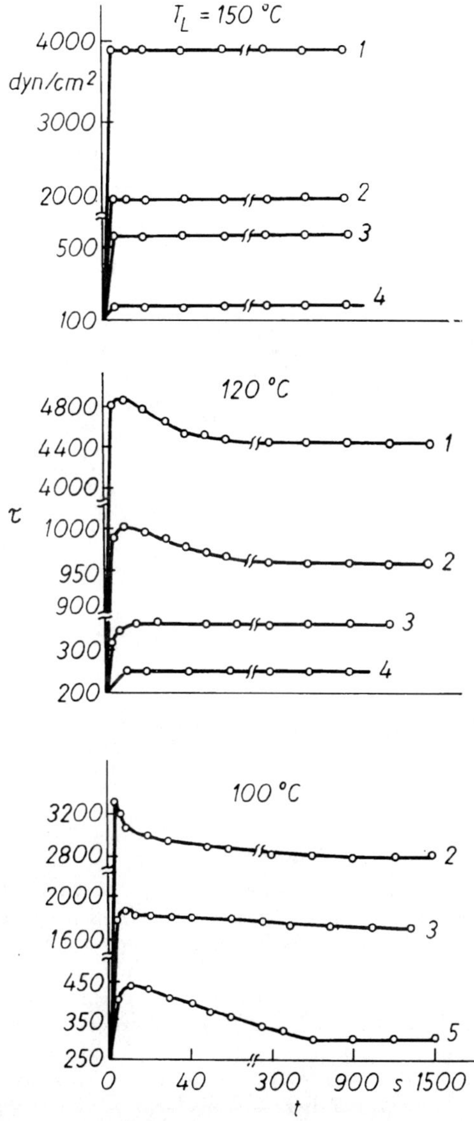

Bild 2. Abhängigkeit der Scherspannung von der Deformationszeit bei $\dot{\gamma}$: 1 — 1312 s^{-1}, 2 — 656 s^{-1}, 3 — 146 s^{-1}, 4 — 40 s^{-1}, 5 — 27 s^{-1}

Von den von uns benutzten Viskosimetern konnte man nur mit dem Gerät „Rheotest" eine Information über das Verhalten der TPVC-Lösungen vom Deformationsbeginn bis zur Entwicklung des stationären Scherfließens erhalten. Als Beispiel der primären experimentellen Daten, die man mit dem Rotationsviskosimeter erhält, sind in Bild 2 die Abhängigkeiten Spannung — Versuchsdauer (t) für die Lösungen gezeigt, die bei verschiedenen T_L hergestellt wurden.

Schon während der viskosimetrischen Bestimmungen wurde der wesentliche Unterschied zwischen den Systemen klar, die bei Temperaturen unter und über 120 °C hergestellt wurden. Für Lösungen mit $T_L = 130$ bis 150 °C war der Veränderungsbereich von $\dot{\gamma}$ nur durch die Antriebskinematik und die Empfindlichkeit des Spannungsgebers (Tensometers) des Gerätes eingeschränkt, und für alle möglichen Werte von $\dot{\gamma}$ wurden stationäre Fließbedingungen mit τ = konst. erreicht.

Es ist zu bemerken, daß, weil im „Rheotest" ein sehr weicher Kraftmesser benutzt wird, die bei nicht stationären Bedingungen erhaltenen Abhängigkeiten rein qualitativ sind. Für die bei 100 bis 120 °C hergestellten Lösungen entwickelte sich bei $\dot{\gamma} < 10\ s^{-1}$ in der Zeit, auf die wir infolge der chemischen Besonderheiten des Systems eingeschränkt waren, kein stationäres Fließen.

Wie aus Bild 2 ersichtlich ist, wächst bei Lösungen mit $T_L = 150$ °C sogar bei kleinen Werten von $\dot{\gamma}$ τ kontinuierlich im Übergangsregime der Deformation. Für die bei 100 °C hergestellten Lösungen gehen die Abhängigkeiten $\tau(t)$ durch deutlich erkennbare Maxima. Mit der Erhöhung von $\dot{\gamma}$ wächst das Verhältnis des maximalen Wertes der Spannung (τ_m) zur Spannung beim stationären Fließen (τ_s) τ_m/τ_s an. Die bei 120 °C hergestellten Lösungen nehmen eine Zwischenstellung zwischen diesen extremen Fällen ein: bei kleinen $\dot{\gamma}$ sind die Abhängigkeiten $\tau(t)$ monoton, mit Erhöhung von $\dot{\gamma}$ erscheinen extreme Abhängigkeiten $\tau(t)$.

Hier ist auf folgendes hinzuweisen:

Gegenstand der rheologischen Untersuchungen sind in der Regel Gleichgewichtslösungen, deren Struktur und Eigenschaften von den Herstellungsbedingungen unabhängig sind. Es ist auch bekannt, daß das Erreichen des Gleichgewichtszustandes der Polymerlösungsstruktur nach ihrer Zerstörung durch mechanische oder Wärmeeinwirkung langsamer vor sich geht, als die Zerstörung selbst. Zum Beispiel dauert die Wiederherstellung der Struktur, sogar von verdünnten PVC-Lösungen in Dioxan, nach dem Erwärmen einige Wochen, wenn man anhand von Viskosität und Lichtstreuung urteilt [11].

Offensichtlich reicht die Durchführungsdauer unserer Experimente zum Erreichen des Gleichgewichtszustandes der Lösungen nicht aus, und die beobachteten Unterschiede ihrer Eigenschaften sind durch den verschiedenen Abstand vom Gleichgewicht bedingt. Aber wenn das so ist, besteht die Gefahr, daß die zu bestimmenden rheologischen Eigenschaften von der Zeit und den Bestimmungsbedingungen abhängen. In diesem Zusammenhang wurden Untersuchungen durchgeführt, in denen die Maxima von $\dot{\gamma}$ auf verschiedene Weise erreicht wurden: entweder in Stufen nach der Deformation mit verschiedener Dauer (bis 30 bis 60 min) unter den Bedingungen des stationären Fließens bei einigen nacheinander erhöhten Zwischenwerten von $\dot{\gamma}$, oder es wurden direkt die maximalen Werte von $\dot{\gamma}$ vorgegeben. Unabhängig von den Deformationsbedingungen unterscheiden sich die Werte τ_s in den Parallelversuchen um nicht mehr als 5%. Da diese Unterschiede auch von der Reproduzierbarkeit der Herstellungsbedingungen der Lösung abhängig sind (Zusammensetzung, Temperatur, Lösedauer), kann man die Meinung vertreten, daß sie gut der Genauigkeit des Gerätes entsprechen (3%).

Außerdem wurden Experimente durchgeführt, bei denen die Deformation nach Erreichen des stationären Fließens beendet und dann nach unterschiedlicher Erholungszeit wiederholt wurde.

Wie aus Bild 3 ersichtlich ist, erfolgte bei den bei $T_L = 100$ °C hergestellten Lösungen während der Erholung ein allmählicher Wiederaufbau der Ausgangsstruktur (vor der ersten Deformation), der nach 30 min

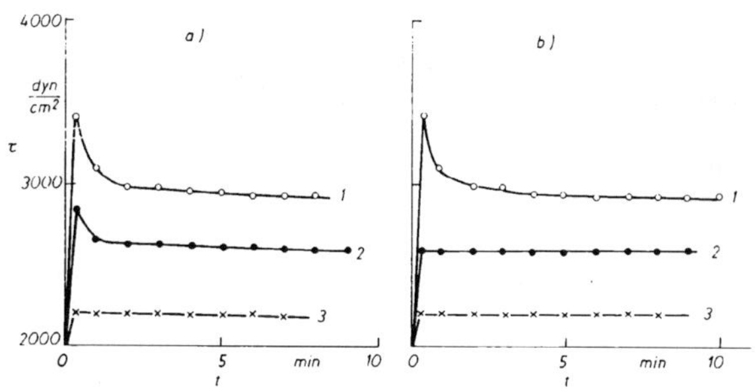

Bild 3. Abhängigkeit der Scherspannung von der Deformationszeit der Lösungen bei $\dot{\gamma} = 656\ s^{-1}$ und T_L: 1 — 100 °C, 2 — 120 °C, 3 — 150 °C

a) primäre Deformation

b) sekundäre Deformation derselben Lösungen nach der Erholung im Laufe von:

1 — 30 min, 2 — 15 min bis 3 h, 3 — 15 min bis 1 h

(entsprechend τ_s) vollständig beendet ist. Für die bei $T_L = 120$ °C hergestellten Lösungen erhöht sich τ bis auf τ_s ohne das im Ausgangsversuch beobachtete Maximum bei wiederholter Deformation sogar nach einer Erholungszeit von 3 h; der Wert τ_s wird gut reproduziert.

Die Abhängigkeiten $\tau(t)$ vor und nach der Erholung sind für Lösungen mit $T_L = 150$ °C bei allen ausgewählten Erholungszeiten gleich.

Bei einigen Versuchen (für $T_L = 100$ °C und $\dot{\gamma} = 636\ s^{-1}$) wurde schließlich der ganze Experimentverlauf verändert: die Lösungen wurden sofort nach Beendigung des Löseprozesses im Kolben in das Viskosimeter gebracht, das Viskosimetergefäß bis 100 °C erwärmt und das „Rheotest" mit der vorgegebenen Geschwindigkeit in Betrieb genommen. Nach 30 min schaltete man den beheizten Thermostaten auf 80 °C um, maß τ_s, dessen Wert genau (mit Abweichung von weniger als 5%) dem unter diesen Bedingungen bei den normalen Versuchen erzielten Wert entsprach.

Die so bestimmten Parameter charakterisieren zuverlässig die rheologischen Eigenschaften der untersuchten Lösungen, die als Lösungen mit Quasigleichgewicht betrachtet werden können in dem Sinne, daß die Zeit der Veränderung ihrer physikalischen Eigenschaften die Beobachtungszeit übersteigt.

Infolgedessen zeigen die mit dem „Rheotest" erhaltenen Ergebnisse, daß mit der Erhöhung von T_L die Viskosität der TPVC-Lösungen in DMF bei der gleichen Beobachtungstemperatur niedriger wird. Je niedriger T_L ist, desto mehr Energie muß dem System zugeführt werden (große Spannung vorgeben und große Deformation erreichen), um stationäre Fließbedingungen zu erreichen.

Andererseits, je niedriger T_L ist, desto schneller wird das Raumnetz der Bindungen zwischen den Molekülen und übermolekularen Teilchen des gelösten Polymeren wieder aufgebaut, das die mechanischen Lösungseigenschaften bestimmt.

Bevor zur Diskussion des Mechanismus der beobachteten Erscheinung übergegangen wird, ist es zweckmäßig, die mit anderen Geräten erzielten Ergebnisse zu betrachten.

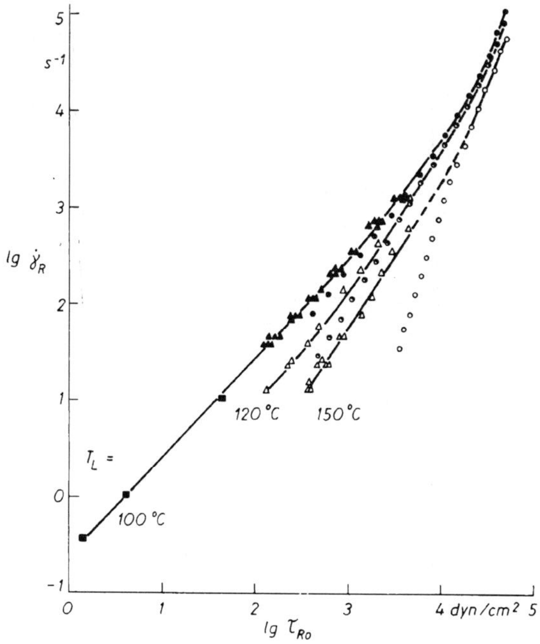

Bild 4. Fließkurven der Lösungen mit verschiedenen Werten von T_L

○ — Kapillarviskosimeter
△ — Rotationsviskosimeter
□ — *Höppler*-Viskosimeter

3.2. *Messungen mittels Kapillarviskosimeter*

In Bild 4 sind die mit dem Rotations- und Kapillarviskosimeter gemessenen Werte $\lg \dot{\gamma}_R$ gegen $\lg \tau_{R_0}$ aufgetragen. Die Gesamtheit dieser Werte sollte die wirkliche Fließkurve der Lösungen darstellen. Wie jedoch aus Bild 4 zu ersehen ist, stimmen bei kleinen Deformationsgeschwindigkeiten (Spannungen) die Ergebnisse des Kapillarviskosimeters nicht mit den Angaben des „Rheotestes" überein. Je tiefer T_L dabei ist, desto schärfer treten diese Unterschiede bei den größeren Werten von $\dot{\gamma}_R$ (oder τ_{R_0}) zutage. Bei Lösungen mit $T_L = 150$ °C werden die Unterschiede in den Ergebnissen von verschiedenen Geräten bei $\lg \dot{\gamma}_R = 2{,}5$ deutlich, bei Lösungen mit $T_L = 120$ °C bei $\lg \dot{\gamma}_R = 2{,}65$; für die Lösungen mit $T_L = 100$ °C treten die Abweichungen der mit dem Kapillarviskosimeter erhaltenen Ergebnisse von dem angenommenen Verlauf der wirklichen Fließkurve (gestrichelte Kurve auf Bild 4) bei $\lg \dot{\gamma}_R = 3{,}8$ auf. In Bild 4 sind die Ergebnisse $\lg \dot{\gamma}_R$ ($\lg \tau_{R_0}$) des Rotationsgerätes aufgetragen, die sich auf die fixierten Bedingungen des stationären Fließens beziehen. In diesem Zusammenhang ist tatsächlich anzunehmen, daß die verwendete Kapillarlänge zur Entwicklung eines stationären Fließens in diesen Kapillaren nicht ausreicht.

Die tatsächliche Viskosität der Polymersysteme sollte bezüglich der verwendeten Geräte invariant sein. Auf Grund dessen sind in Bild 4 die wirklichen Fließkurven beigefügt; dabei wurden auch unter Berücksichtigung der in der Methodik angeführten Bedingungen die Messungen mit dem *Höppler*-Viskosimeter verwendet. Wie aus Bild 4 zu ersehen ist, liegen die Viskositätswerte, die mit dem *Höppler*-Viskosimeter für die Lösungen mit $T_L = 130$ bis 150 °C erzielt wurden, auf den Fließkurven und entsprechen der maximalen *Newton*schen Viskosität.

Auf solche Weise wurden bei der Veränderung der Scherdeformationsgeschwindigkeit um ungefähr sechs Größenordnungen bei den Untersuchungen der Lösungen mit $T_L = 130$ bis 150 °C die untere „*Newton*-kurve" und ein Teil des Kurvenastes für die Strukturviskosität der gesamten Fließkurve der Lösungen von TPVC in DMF erhalten. Aus den obengenannten Gründen wurden für die Lösungen mit $T_L = 120$ °C die einzelnen Teile des „Strukturzweiges" der ganzen Fließkurven im Veränderungsbereich $\dot{\gamma}_R$ um vier Größenordnungen erzielt.

Die erzielten Ergebnisse können durch „Qualitätsveränderung" des Lösungsmittels in Abhängigkeit von T_L interpretiert werden. Es ist bekannt, daß für die Systeme Polymeres/Lösungsmittel sowohl obere als auch untere kritische Mischungstemperaturen beobachtet wurden, d. h., die Abhängigkeit der Lösungsmittelqualität von der Temperatur wird allgemein durch eine Kurve mit Maximum dargestellt.

In den Arbeiten [12] ist gezeigt, daß bei Polymerlösungen in „schlechten" Lösungsmitteln die vollen Fließkurven bei kleineren Geschwindigkeiten (Spannungen) der Scherdeformation erzielt werden können, als bei Lösungen in „guten" Lösungsmitteln. Die Fließkurventeile, wie sie in Bild 4 dargestellt sind, geben nicht die Möglichkeit einzuschätzen, welchen Teil der vollen Kurve der untersuchte Deformationsgeschwindigkeitsbereich (Spannungen) erfaßt. Dazu ist es zweckmäßig, die sogenannten differentiellen Fließkurven [7] in den Koordinaten $\frac{d \lg \dot{\gamma}_R}{d \lg \tau_{R_0}} = f(\lg \dot{\gamma}_R)$ zu zeichnen.

Die Ergebnisse der graphischen Differenzierung der Kurven von Bild 4 werden in Bild 5 gezeigt. Die Maxima der differentiellen Fließkurven stellen die Wendepunkte der vollen Fließkurve dar. Gewöhnlich sind die Fließkurven bezüglich des Wendepunktes symmetrisch gelagert, obwohl einige Autoren [13] Zweifel ausdrücken, daß es immer der Fall ist. Es ist jedoch offensichtlich, daß für das System, in dem die Krümmung der vollen Fließkurve bei kleineren Deformationsgeschwindigkeiten (Spannungen) auftritt, auch der obere *Newton*-Zweig, d. h., die ganze Fließkurve selbst, bei einer kleineren Deformationsgeschwindigkeit erreicht werden kann, als für das System, dessen Fließkurvenkrümmung bei einer höheren Deformationsgeschwindigkeit erfolgt. Anders gesagt: je kleiner die Deformationsgeschwindigkeit (Spannung) ist, bei der die Maxima auf der differentiellen Fließkurve liegen, desto „schlechter" ist das Lösungsmittel. Folglich verbessert sich mit Erhöhung von T_L im Bereich von $T_L = 100$ bis 150 °C für das System TPVC/DMF die Qualität des Lösungsmittels.

Je besser das Lösungsmittel ist, desto vollständiger wird die übermolekulare Struktur des gelösten Polymeren abgebaut, desto unregelmäßiger verteilt und kleiner müssen die übermolekularen Teilchen des Polymeren in der Lösung sein. Die erzielten Resultate bestätigen dies direkt.

Von *Umstätter* [14] und *Schurz* [15] wurden Vorstellungen über den Zusammenhang zwischen der Größe der Moleküle oder der Molekülaggregate des gelösten Polymeren und dem Wert des Schergeschwindigkeitsgradienten $\dot{\gamma}_{kr}$ im Wendepunkt der Fließkurve der Lösung beziehungsweise dem Maximum der differentiellen Fließkurve vorgeschlagen, die in Arbeiten von *G. V. Vinogradov* und *Ė. A. Pakšver* [16] weiterentwickelt wurden.

Die Theorie *Umstätters* gibt diesen Zusammenhang mit $m = K/\dot{\gamma}_{kr}$ wieder, wobei m die Teilchenmasse des Polymeren in der Lösung und K die Lösungsmittelkonstante sind.

Die sichere Bestimmung des absoluten Wertes von m sowie die im Prinzip analoge Bestimmung der rel. Molekülmasse nach *Schurz* erfordert einen äußerst großen Umfang des Experimentes, der mit der Bestimmung der rel. Molekülmassen des gelösten Polymeren und deren Aggregate nach unabhängigen Methoden, der Bestimmung der Größe der Solvathülle, der nachfolgenden Eichung usw. verbunden ist.

Deshalb hielten wir es für statthaft, uns bei der vorliegenden Arbeit auf relative Werte der Viskosimetermessungen über die Abhängigkeit der Größe der übermolekularen TPVC-Teilchen in Lösungen von der Lösetemperatur zu beschränken.

Auf Bild 6 sind der Wert $1/\dot{\gamma}_{kr}$ und der nach der Massemittelmethode berechnete Teilchenradius von TPVC aufgetragen, die unter den gleichen Lösungsbedingungen wie in der Arbeit [4] durch Auftragen von $\lg \lambda$ gegen $\lg D$ bestimmt wurden, wobei λ die Wellenlänge und D die optische Lösungsdichte sind, die mittels Spektrophotometer CF-4 gemessen wurde.

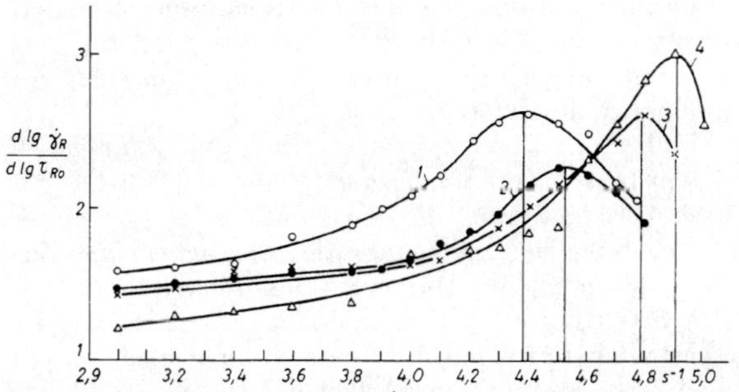

Bild 5. Differentielle Fließkurven der Lösungen mit T_L: 1 — 100 °C, 2 — 110 °C, 3 — 120 °C, 4 — 150 °C

Bild 6. Einfluß von T_L auf die Charakteristiken der übermolekularen Teilchen in den Lösungen

Bild 6 zeigt, daß die Art der Abhängigkeiten der Charakteristiken der übermolekularen Teilchengrößen, die durch viskosimetrische ($1/\dot{\gamma}_{kr}$) und optische ($\bar{r}_w$) Messungen gefunden wurden, praktisch gleich sind.

Die Übereinstimmung der Ergebnisse, die mit zwei ganz verschiedenen Methoden erzielt wurden, weist sowohl auf die prinzipielle Richtigkeit der beiden Methoden zur Größenbestimmung der übermolekularen Teilchen des Polymeren in den Lösungen als auch auf die Zuverlässigkeit der gefundenen Werte hin.

Wie in der Arbeit [4] gezeigt wurde, wird die Reduzierung der Größen der übermolekularen Teilchen von einer entsprechenden Erhöhung ihrer Konzentration begleitet, da die gesamte Volumenkonzentration F des Übermolekularteilchensystems konstant bleibt:

$$F_{100\text{ bis }110\,^\circ\mathrm{C}} = F_{150\,^\circ\mathrm{C}};$$

$$4/3\,\pi \bar{r}^3_{100\,^\circ\mathrm{C}} \cdot N_{100\,^\circ\mathrm{C}} \approx 4/3\,\pi \bar{r}^3_{150\,^\circ\mathrm{C}} \cdot N_{150\,^\circ\mathrm{C}},$$

wobei N die Teilchenzahl pro 1 cm³ der Lösung ist.

Auf Grund des Gesagten kann der Löseprozeß von TPVC in DMF als ein Prozeß der fortschreitenden Zerstörung der übermolekularen Struktur des Polymeren mit Erhöhung der Lösetemperatur dargestellt werden, der dem Prozeß der Bildung der übermolekularen Ordnung mit steigendem Umsatz bei der Vinylchloridpolymerisation [17] gegenübersteht.

3.3. *Einfluß der Eigenschaften der Lösungen auf den Erspinnungsprozeß und die Eigenschaften der daraus hergestellten Fasern*

Die Werte aus den viskosimetrischen Untersuchungen der TPVC-Lösungen in DMF können nicht direkt zur Einschätzung der Struktur und Eigenschaften der Lösungen benutzt werden, die aus den Düsenlöchern austreten, d. h. im Moment der Fadenbildung.

Im kurzen Kanal (0,3 bis 0,4 mm) des Düsenloches kann sich aus zeitlichen Gründen keine stationäre Strömung entwickeln. Außerdem haben die Löcher ein kompliziertes Profil, einen konischen Teil am Eintritt und einen kalibrierten zylindrischen Teil ($L/R \leq 2$). Zur Zeit gibt es keine Methoden zur Berechnung der Spannungswerte und Scherdeformationsgeschwindigkeit in konisch-zylindrischen Kanälen.

Auf den aus dem Düsenloch fließenden Strahl der Spinnlösung wirken Kräfte, die durch folgende Faktoren bedingt sind:

1. Viskoelastische Eigenschaften der Lösung und Fließen der Lösung durch den Düsenkanal;
2. Oberflächeneffekte an der Grenzfläche zwischen Lösungsstrahl, Düsenmaterial und Fällbad;
3. Koagulation der Lösung (Ausfällung des Polymeren);
4. Zwangsabzug der entstehenden Fäden aus der Spinnzone.

Da bei unseren Versuchen die Zusammensetzung der Lösung und des Fällbades gleich war, kann angenommen werden, daß die Unterschiede in den Fällbedingungen und Oberflächenkräften wesentlich kleiner waren als die Unterschiede in den viskoelastischen Eigenschaften. Deshalb muß die Reißfestigkeit der sich bildenden Fäden (Spinnlösungsstrahlen) im vorliegenden Falle in erster Linie von den rheologischen Eigenschaften der Lösungen abhängen; die verschiedenen Spannungen

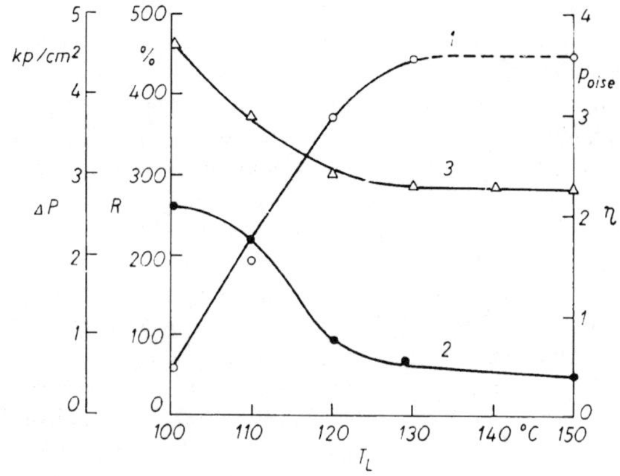

Bild 7. Abhängigkeit des Druckgefälles, der Düsenreckung und *Newton*-Viskosität der Lösungen von T_L
1 — Düsenreckung (R), 2 — Druckgefälle (ΔP), 3 — Viskosität

im Strahl aber werden durch den Unterschied der Spannungen beim Eintritt in den Düsenkanal und den Relaxationsgrad beim Durchfließen der Lösung durch die Düse bedingt.

Auf Grund der durchgeführten rheologischen Untersuchungen ist es offenbar, daß mit Erhöhung von T_L die Viskosität abnimmt und folglich auch die Relaxationszeit der Lösungen abnehmen muß. Aus Bild 7 ist zu ersehen, daß der Druck, der zum Pressen der Lösung durch die Düse mit einer für das Fadenerspinnen erforderlichen Geschwindigkeit aufgewendet werden muß (mit dem Hochdruckkapillarviskosimeter GKVPD gemessen), mit der Erhöhung von T_L von 100 auf 150 °C etwa fünfmal niedriger wird.

Infolgedessen vergrößert sich die maximale Düsenreckung (bis zum Bruch). Dabei geht die Erhöhung der Düsenreckung in stärkerem Maße vor sich, als das Absinken des Druckgefälles in der Düse. Es muß hier bemerkt werden, daß der Antrieb der Laborspinnanlage nur Düsenreckungen bis 450% zuließ; ein Bruch des Fadens, der aus den Lösungen mit $T_L \geq 130$ °C ersponnen wurde, erfolgte dabei aber nicht. Die stärkere Zunahme der Düsenreckung gegenüber der Reduktion der Einlaufspannungen (auf die nach dem Druckabfall zu schließen ist) ist ganz natürlich, weil mit Erhöhung von T_L nicht nur die absoluten Werte der Eingangsspannungen kleiner werden, sondern auch der Spannungsteil wächst, der im Düsenkanal bei der gleichen Strömungszeit seine Relaxation beendet. Außerdem muß die Viskositätsabnahme auch zur Verminderung der Kräfte führen, die zum Abziehen des Lösungsstrahles erforderlich sind.

So führt also die Viskositätsabnahme der Lösungen — bei konstanter Zusammensetzung und folglich bei geringer Verlangsamung der Koagulation der Lösung — zur Erhöhung der Spinnstabilität, die sich in der Zunahme der möglichen Düsenreckung äußert.

Die Strukturunterschiede in den bei verschiedenen T_L hergestellten Lösungen machen sich auch in den nach dem Erspinnen folgenden Arbeitsgängen, in der Plastifikations- (Bilder 8 und 9) und Heißreckung (in Glycerin bei 110 °C) bemerkbar (Bild 10). Mit Erhöhung von T_L werden die Spannungen, die sich bei der Reckung im

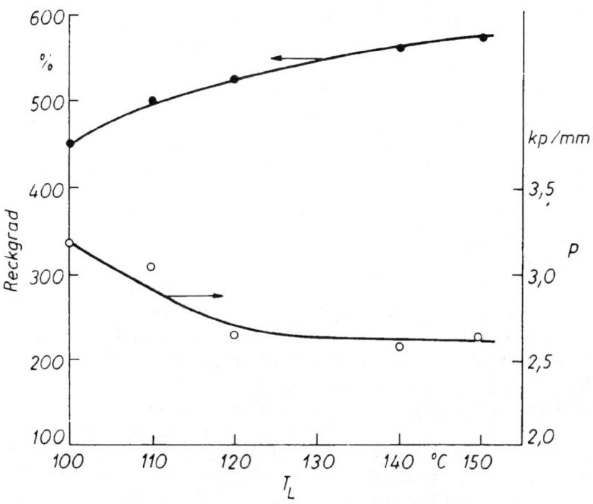

Bild 8. Einfluß von T_L auf den Plastifikationsreckgrad und die Spannungen (P), die während des Reckprozesses in der Faser entstehen

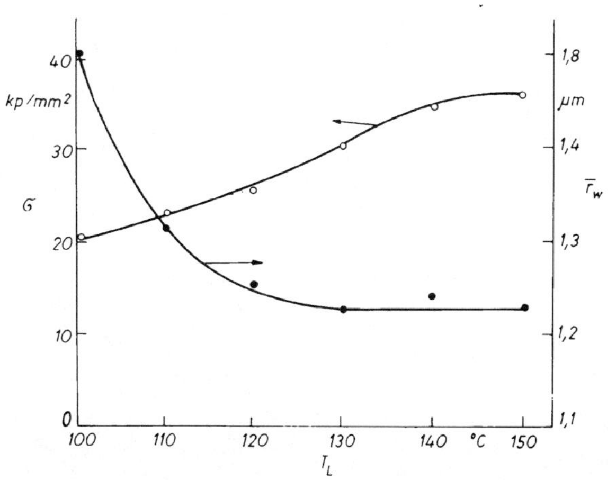

Bild 9. Einfluß von T_L auf die Faserfestigkeit (σ) und Größen der übermolekularen Teilchen in den aus diesen Fasern hergestellten Lösungen

Faden entwickeln, kleiner, der mögliche Reckgrad, die Festigkeit und Doppelbiegefestigkeit der Fäden erhöhen sich. Da sich bei der Fadenbildung aus den Spinnlösungen die Viskosität des Systems um 5 bis 8 Größenordnungen erhöht, ist es natürlich anzunehmen, daß die beobachteten Unterschiede in den Reckprozeßparametern (Reckgrad, Spannungen) durch die Veränderung der übermolekularen Fadenstruktur bestimmt werden. Auf Bild 9 sind die Parameter der übermolekularen Teilchen in den Lösungen gezeigt, die durch Auflösen der fertigen Fasern bei 120 °C hergestellt wurden. Die Gegenüberstellung der Bilder 6 und 9 zeigt, daß die Größen der übermolekularen Teilchen in den Ausgangsspinnlösungen ähnlich sind und die Abhängigkeit der Teilchengröße von der T_L — zwar etwas abgeschwächt — bestehen bleibt. Infolgedessen kann man annehmen, daß die übermolekularen Teilchen in den Spinnlösungen die Keime für die Struktur des Polymeren im Faserstoff darstellen.

Je kleiner die übermolekularen Teilchen in der Lösung sind, desto kleiner sind die Strukturgebilde im Faserstoff, desto beweglicher ist die Struktur der frischersponnenen Fäden, desto leichter lassen sie sich rekken. Das Ergebnis ist eine höhere Festigkeit der hergestellten Fasern. Eine starke Erhöhung der Festigkeit

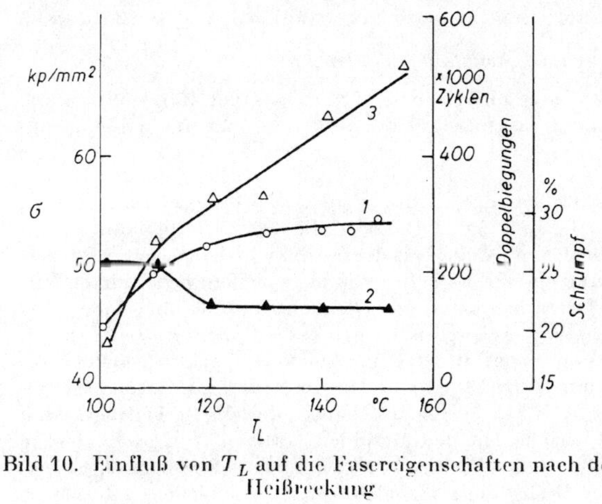

Bild 10. Einfluß von T_L auf die Fasereigenschaften nach der Heißreckung

1 — Festigkeit, 2 — Schrumpf, 3 — Doppelbiegungen

gegen mehrmalige Deformationen bei Erhöhung von T_L ist wahrscheinlich das summarische Ergebnis der Erhöhung der Faserfestigkeit, der Verkleinerung der Strukturelemente in der Faser, folglich ihrer Beweglichkeit, sowie der vollkommeneren Spannungsrelaxation in den verschiedenen Stufen der Faserstrukturbildung. Auf letzteres weist auch die Schrumpfverminderung der fertigen Faser hin (Bild 10).

Zusammenfassung

Es wurden die rheologischen Eigenschaften von PVC-Spinnlösungen in DMF untersucht, die durch Lösen bei 100 °C oder höheren Temperaturen hergestellt und dann auf 80 °C abgekühlt wurden.

Die in einem breiten Bereich der Scherspannungen und Scherdeformationsgeschwindigkeiten (4 bis 6 Größenordnungen) gemessene Viskosität der Spinnlösungen wird mit Erhöhung der Lösetemperatur geringer.

Entsprechend der Theorie von *Umstätter* wurden anhand der Kehrwerte der Schergeschwindigkeitsgradienten in den Wendepunkten der Fließkurven die relativen Größen der PVC-Teilchen in den Lösungen bewertet. Die erhaltene Abhängigkeit wurde mit den Ergebnissen der Teilchenradiusmessungen nach der Lichtstreuungsmethode verglichen.

Es wurde eine gute Übereinstimmung der Resultate der rheologischen und optischen Untersuchungen erhalten. Die PVC-Teilchengrößen in den Spinnlösungen verkleinern sich mit Erhöhung der Lösetemperatur. Der Veränderungscharakter der rheologischen Eigenschaften und Teilchengrößen in den Lösungen in Abhängigkeit von der Lösetemperatur kann als das Resultat der Verbesserung der thermodynamischen Qualität des Lösungsmittels interpretiert werden.

Das Erspinnen von Fäden zeigte, daß mit Erhöhung der Lösetemperatur die maximale Düsenreckung sowie auch die Werte der Plastifikations- und Heißreckung ansteigen. Die Fadenfestigkeit, insbesondere die Dauerbiegezahl, nehmen mit Erhöhung der Herstellungstemperatur der Spinnlösungen zu.

Literatur

[1] *Pakšver, Ė. A.*, und *Vinogradov, G. V.*: Beurteilung der Polydispersität von Viskose anhand der Viskosität. Chim. Volokna (Chem. Fasern) (1963) 2, S. 25—29.

[2] *Mjagkov, V. A., Nikonova, E. A.*, und *Pakšver Ė. A.*: Struktureigenschaften der Viskose und deren Einfluß auf die Qualität der Cordfaser. Chim. Volokna (Chem. Fasern) (1963) 5, S. 35—39.

[3] *Zubov, L. N., Pakšver, A. B., Fichman, V. D.,* und *Meerson, S. I.:* Einfluß der Besonderheiten der Spinnlösung auf die Eigenschaften von Polyvinylchloridfaserstoff. Chim. Volokna (Chem. Fasern) (1968) 1, S. 26–28.
[4] *Aleksejeva, V. M., Fichman, V. D.,* und *Klenin, V. J.:* Einfluß der übermolekularen Struktur der Lösungen von warmfestem PVC auf die Eigenschaften von daraus ersponnenen Fäden. Vysokomol. Soed. (Hochmol. Verbind.); Serie A **12** (1970) 11, S. 2532–2540.
[5] *Zubov, P. I., Suchareva, L. A., Seraja, N. I.,* und *Voronkov, V. A.:* Einfluß der struktur-mechanischen Eigenschaften der Lösungen von Polyurethanen auf die übermolekulare Struktur der Filme. Vysokomol. Soed. (Hochmol. Verbind.) A **11** (1969) 3, S. 486–491.
[6] *Zubov, P. I.,* und *Osipov, E. A.:* Studies of structure formation in Poly(vinylalkohol) solutions. J. Polymer Sci., A: General Papers **3** (1965) S. 423–431.
[7] *Aleksejeva, V. M.,* und *Fichman, V. D.:* Synthetische Fasern (russ.). Chimija 1969, S. 151.
[8] *Fichman, V. D., Vajman, É. Ja.,* u d *Pakšver, A. B.:* Erhöhung des Weißgrades von PVC-Faserstoffen. Chim. Volokna (Chem. Fasern) (1964) 5, S. 91–22.
[9] *Vajman, É. Ja., Pakšver, A. B.,* und *Fichman, V. D.:* Strukturveränderungen von Polyvinylchlorid beim Erhitzen seiner Lösungen in Dimethylformamid. Vysokomol. Soed. (Hochmol. Verbind.) A **12** (1970) 4, S. 778 bis 783.
[10] *Vinogradov, G. V., Konstantinov, A. A., Pakšver, É. A.,* und *Frolova, A. P.:* Studium der Viskosität von Viskose. Chim. Volokna (Chem. Fasern) (1963) 1, S. 33–38.
[11] *Doty, P., Wagner, H.,* und *Singer, S.:* The association of polymer molecules in dilute solution. J. physic. colloid. Chem. **51** (1957) S. 32–57.
[12] *Dreval', V. E., Luckij, M. S., Tager, A. A., Postnikov, V. K., Chvatova ,O. S.,* und *Vinogradov, V. G.:* Rheologische Eigenschaften von Polystyrollösungen. Vysokomol. Soed. (Hochmol. Verbind.) **9** (1967) 2, S. 345–352.
Tager, A. A., Dreval', V. E., Kurbanaliev, M., Luckij, M. S., Berkovič, N. E., Granovskaja, I. M., und *Čarikova, T. A.:* Einfluß der Natur des Polymeren und des Lösungsmittels auf das rheologische Verhalten und die Strukturierung konzentrierter Polymerlösungen. Vysokomol. Soed. (Hochmol. Verbind.) A **10** (1968) 9, S. 2044 bis 2058.
[13] *Philipp, B., Wulf, K., Mann, G., Förste, J.,* und *Limberg, H.:* Zur Auswertung der Fließkurven konzentrierter Polymerlösungen an Hand experimenteller Messungen an Viskose. Mh. Chemie **99** (1968) S. 1521–1537.
[14] *Umstätter, H.:* Dechema-Monogr. 1958, S. 144.
[15] *Schurz, J.:* Empirische Zusammenhänge zwischen den Fließkurven hochmolekularer Lösungen und den Eigenschaften der gelösten Moleküle. Teil II. Kolloid-Z. **155** (1957) 1, S. 45–55.
[16] *Pakšver, E. A., Vinogradov, G. V., Konstantinov, A. A.,* und *Frolova, A. P.:* Änderung der Viskosität von Viksose während deren Vorbereitung zum Spinnen. Chim. Volokna (Chem. Fasern) (1963) 1, S. 38–41.
[17] *Kargin, V. A., Bort, D. N., Štarkman, B. P.,* und *Minsker, K. S.:* Über die unmittelbar während des Polymerisationsvorganges entstehenden übermolekularen Strukturen. Vysokomol. Soed. (Hochmol. Verbind.) **6** (1964) 2, S. 189–192.
Bort, D. N., Rylov, E. E., Okladnov, N. A., Štarkman, B. P., und *Kargin, V. A.:* Morphologie von Block-Polyvinylchlorid. Vysokomol. Soed. (Hochmol. Verbind.) **7** (1965) 1, S. 50–54.

Eingegangen am 29. September 1970

Weißgradänderung von Viskosefasern durch spektrale Bestrahlung

Teil I: Experimente

Siegfried Kaufmann

Mitteilung aus dem Chemiefaserkombinat Schwarza „Wilhelm Pieck"

DK 677.463:[677.016.26:535.668.6]:539.12.04:677.019.36

Die experimentellen Anordnungen zur Bestimmung der Weißgradänderung von Viskosefasern durch die spektrale Bestrahlung werden beschrieben. Die ermittelte Grenzwellenlänge von Viskosefasern einer bestimmten Provenienz liegt bei ca. 325 nm und das Maximum der positiven Weißgradänderung (Weißgraderhöhung) bei ca. 425 nm.

Изменение белизны вискозных волокон в результате спектрального облучения
Часть I: Экспериментальные данные

Описана методика определения изменения белизны вискозных волокон в результате спектрального облучения. Найденная предельная длина волны для вискозных волокон определенного происхождения соответствует примерно 325 ммк, а максимум положительного изменения (повышения) белизны — 425 ммк.

Changes in the Degree of Whiteness of Rayon Fibres on Spectral Irradiation. Part I. Experiments

A device is described for determining the changes in the degree of whiteness of various rayon fibres on spectral irradiation. The limiting wave length various types of fibres was found at about 325 nm and the maximum increase of whiteness occured at about 425 nm.

1. *Einleitung*

Der Weißgrad von Viskosefasern nimmt bei Einwirkung von Sonnenstrahlung zu, z. B. [3, 4]. Ähnliches wurde schon früher für Baumwolle gefunden [2]. Bei Einwirkung der Strahlen einer intensiven UV-Lampe nimmt der Weißgrad von Viskosefaserstoffen dagegen ab [3, 4]. Insbesondere gibt es eine teilweise reversible Weißgradänderung, d. h. vergilbte Viskosefaserstoffe werden durch bestimmte Bestrahlung zum Teil wieder weißer und umgekehrt [3, 4].

Für Viskosefasern existiert bei diesen Vorgängen eine Grenzwellenlänge. Liegen die Wellenlängen der zur Bestrahlung der Viskosefasern verwendeten Quanten oberhalb dieser Grenzwellenlänge, dann werden die Viskosefasern weißer. Bei Bestrahlung der Viskosefasern mit Quanten, deren Wellenlängen kleiner als die Grenzwellenlänge sind, tritt Vergilbung ein. Im Falle der von uns ehemals verwendeten Viskosefasern lag die Grenzwellenlänge bei 330 nm. Dabei wurden etwaige synergetische Effekte [10] nicht mit untersucht.

Wenn einerseits das ultraviolette Spektralgebiet (UV) vergilbend wirkt und andererseits das infrarote Spektralgebiet (IR) nur wenig zur Weißgraderhöhung beiträgt, dann liegt es nahe, ein Maximum der positiven Weißgradänderung (Zunahme des Weißgrades) von Viskosefasern infolge spektraler Bestrahlung zwischen dem UV und dem IR zu vermuten.

Zur Bestimmung dieses Maximums werden in der vorliegenden Arbeit Versuche beschrieben und deren Ergebnisse mitgeteilt, bei denen die Weißgradänderung in Abhängigkeit von der spektralen Bestrahlung bestimmt wird (Ermittlung des spektralen Verlaufes der Weißgradänderung von Viskosefasern durch spektrale Bestrahlung). Nach der Beschreibung des verwendeten Materials werden die experimentellen Anordnungen zur Erzeugung und Messung der spektralen Bestrahlung (H_λ) und zur Messung des Weißgrades mitgeteilt. Im Anschluß daran werden die Ergebnisse diskutiert.

2. *Material*

Für die spektrale Bestrahlung werden Viskosefasern (VIF) vom Teppichtyp, mattiert, roh und gelappt verwendet, d. h. VIF-tt-2,2 tex — mt-ro-lp — Provenienz:Wi.

3. *Experimentelle Anordnungen*

3.1. *Anordnungen zur spektralen Bestrahlung*

3.1.1. *Spektrale Bestrahlung im UV*

Die spektrale Bestrahlung im Wellenlängenbereich von 300 bis 400 nm wird mit einer Hg-Hochdruck-Lampe, Typ S 450, vom VEB NARVA Berlin und Hg-Monochromat-Filtern des VEB Otto Schott Jena vorgenommen. Die Hg-Monochromat-Filter sind an der Vorderseite einer zylindrischen Bestrahlungskammer (5×10 cm^2 im Seitenriß) befestigt, an deren Ausgang die Plättchen (4×6 cm^2) mit den Viskosefasern angebracht sind (Bild 1).

Die Plättchen mit den Viskosefasern haben einen Abstand von ungefähr 50 cm von der Hg-Hochdruck-Lampe S 450. Die Schichtdicke der Viskosefasern wird so groß gewählt, daß die Unterlage, d. h. das Plättchen, den Weißgrad nicht beeinflußt. Zur Luftumwälzung werden Ventilatoren verwendet. Aus Tabelle 1 ist die Zusammensetzung der verwendeten Filter zu ersehen.

Vom Aufbau her sind die Hg-Monochromat-Filter mehr für die Hg-Niederdruck-Lampen geeignet als für Hg-Hochdruck-Lampen. Die Hg-Lampe S 450 sendet eine merkliche Kontinuumstrahlung aus. Das Spektrum der S 450 entspricht dem einer Hg-Hochdrucklampe. Die obige Anordnung stellt deshalb nur eine angenäherte spektrale Bestrahlung dar. Störende IR-Strahlung wird durch zusätzliche Filter BG 12 (2) beseitigt.

3.1.2. *Spektrale Bestrahlung im VIS*

Die spektrale Bestrahlung im sichtbaren (VIS) Wellenlängenbereich von 400 bis 600 nm wird mit einer Leuchtstoff-Lampe und Metall-Interferenz-Filtern vorgenommen. Die Anordnung ist der im Bild dargestellten prinzipiell ähnlich.

Die Wellenlängen maximaler Durchlässigkeit und die zugehörigen Halbwertsbreiten der Metall-Interferenz-Filter sind in Tabelle 2 angegeben.

3.2. *Messung der spektralen Bestrahlung*

Das Maß der spektralen Bestrahlung ist die Größe H_λ. Die spektrale Bestrahlung H_λ ist die auf die Flächeneinheit fallende spektrale Strahlungsenergie. Sie wird bei konstanter

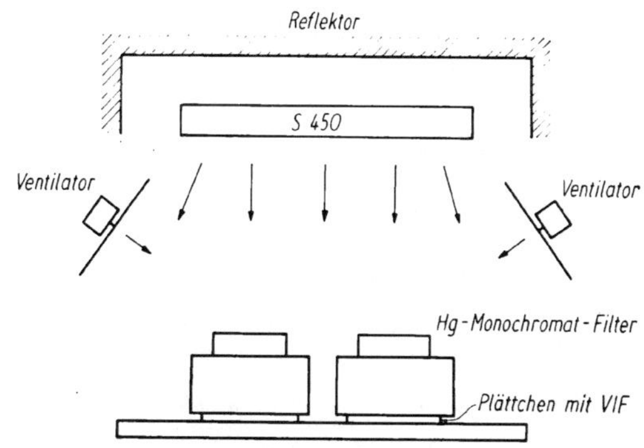

Bild 1. Schema der spektralen Bestrahlung im ultravioletten Bereich

Strahlungsquelle als Produkt aus der spektralen Bestrahlungsstärke E_λ und der Bestrahlungszeit gebildet.

Der Größe H_λ wird die Weißgradänderung ΔW gegenübergestellt, damit die letztgenannte Größe auf das energiegleiche Spektrum bezogen werden kann. Die Messung der Größe H_λ ist deshalb neben der Weißgradmessung wesentlich.

Die spektrale Bestrahlung H_λ wird durch Messung der spektralen Bestrahlungsstärke und der Bestrahlungszeit bestimmt. Die spektrale Bestrahlungsstärke wird mit speziellen Photoelementen und Anzeigeinstrumenten gemessen. Die Eichung der speziellen Photoelemente wird mit einem UV-Standard-Strahler des VEB Narva Berlin unter Verwendung von Hg-Monochromat-Filtern (313, *E*, *D*, *C*, *B* und *A*) und Vorsatzfiltern (BG 19 (2) oder BG 1 (2) in Differenzschaltung) vorgenommen. Die Eigenschaften des genannten UV-Standard-Strahlers beschreibt *KOPEC* [6], vgl. auch [1] und [8]. Die Eichung des UV-Standard-Strahlers mit den Hg-Monochromat-Filtern hatte freundlicherweise das DAMW, Bereich Metrologie, Fachabteilung Optik, übernommen.

3.2.1. *Messung der spektralen Bestrahlung im UV*

Mit dem genannten UV-Standard-Strahler wird die relative spektrale Empfindlichkeit $E_{rel\lambda}$ des Selen-Photoelementes mit Quarzfenster 102 UV-S 28 der Fa. B. Lange, Berlin-Zehlendorf, aufgenommen (Bild 2). Die schwarzen Punkte bedeuten die Meßpunkte, die sich mit einem 10^{-7} A/SKT-Instrument (Anzeigegerät vom Luxmeter LM 1 des VEB

Tabelle 2. Daten der Metall-Interferenz-Filter

Lfd. Nr.	Wellenlänge nm	Halbwertsbreite nm
1	405	11
2	425	10
3	449	9
4	505	14
5	550	9
6	575	7
7	598	9

Tabelle 1. Aufbau der Hg-Monochromat-Filter

Lfd. Nr.	Filter-Bezeichnung	Wellenlänge nm	Filteraufbau
1	—	313	UG 11 (4 mm) + GG 19 (4)
2	E	365	UG 11 (4) + GG 18 (0,5)
3	D	405	UG 1 (1) + GG 13 (4) + BG 12 (2)
4	C	436	BG 12 (4) + GG 5 (4)

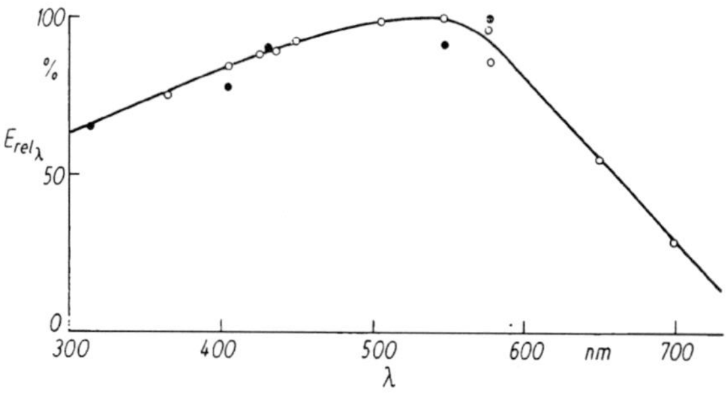

Bild 2. Relative spektrale Empfindlichkeit des Photoelementes UV-S 28 mit Quarzfenster
○—○—○ 10^{-9} A/SKT-Instrument
●—●—● 10^{-7} A/SKT-Instrument

Carl Zeiss Jena) ergeben. Die hellen Punkte wurden zum Vergleich mit einem 10^{-9} A/SKT-Instrument (Skalengalvanometer des VEB Carl Zeiss Jena) aufgenommen. Die absolute Empfindlichkeit des Photoelementes wurde bei der Wellenlänge 560 nm zu 1,1 µW cm^{-2}/SKT bestimmt.

Die spektrale Bestrahlungsstärke der unter Abschnitt 3.1.1 beschriebenen Apparatur ergibt sich jeweils aus dem Ausschlag I_λ des Luxmeter-Anzeigeinstrumentes in SKT, der relativen Empfindlichkeit $E_{rel\lambda}$ und der absoluten Empfindlichkeit des Photoelementes mit Quarzfenster:

$$E_\lambda = \frac{I_\lambda}{E_{rel\lambda}}\, 1{,}1\, \frac{\mu W}{cm^2}. \tag{1}$$

Die Mittelwerte der zur spektralen Bestrahlung benutzten spektralen Bestrahlungsstärken im UV sind in Tabelle 3 zusammengestellt. Der Weißgrad der Viskosefasern wird nach jeweils 7 Tagen spektraler Bestrahlung gemessen. Das Produkt aus der bis dahin gemessenen mittleren spektralen Bestrahlungsstärke und der Bestrahlungszeit ergibt jeweils die Größe H_λ im UV.

3.2.2. Messung der spektralen Bestrahlung im VIS

Mit dem o. g. UV-Standard-Strahler wird ebenfalls die relative spektrale Empfindlichkeit $E_{rel\lambda}$ des Photoelementes mit Lackschicht und dem Anzeigeinstrument des Luxmeters LM 1 des VEB Carl Zeiss Jena gemessen (Bild 3). Die absolute Empfindlichkeit des Photoelementes beträgt 0,4 µW cm^{-2}/SKT bei 578 nm.

Die spektrale Bestrahlungsstärke der unter Abschnitt 3.1.2 beschriebenen Apparatur ergibt sich jeweils aus dem Ausschlag I_λ des Luxmeter-Anzeigeinstrumentes in SKT, der relativen Empfindlichkeit $E_{rel\lambda}$ und der absoluten Empfindlichkeit des verwendeten Photoelementes:

$$E_\lambda = \frac{I_\lambda}{E_{rel\lambda}}\, 0{,}4\, \frac{\mu W}{cm^2}. \tag{2}$$

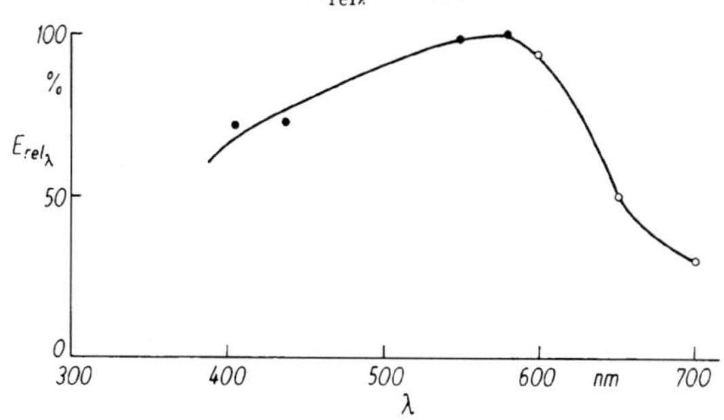

Bild 3. Relative spektrale Empfindlichkeit des Photoelementes vom Luxmeter LM 1 des VEB Carl Zeiss Jena
●—○—○ 10^{-9} A/SKT-Instrument
○—●—● 10^{-7} A/SKT-Instrument

Tabelle 3. Mittlere spektrale Bestrahlungsstärken in µW/cm² der Hg-Hochdrucklampe S 450 hinter den Hg-Monochromat-Filtern

λ in nm	313	365	405	436
E_λ in µW/cm²	35	79	72	224

Tabelle 4. Mittlere spektrale Bestrahlungsstärken in µWc/m² einer Leuchtstoff-Lampe hinter den Metall-Interferenz-Filtern

λ in nm	405	425	449	505	550	575	598
E_λ in µW/cm²	15	19	29	50	35	30	45

Die Mittelwerte der spektralen Bestrahlungsstärke sind in Tabelle 4 zusammengestellt. Bei 430 nm ist die spektrale Bestrahlungsstärke um ca. eine Zehnerpotenz geringer als bei der im Abschnitt 3.1.1 beschriebenen Apparatur.

Der Weißgrad der Viskosefasern wird nach verschiedenen Tagen (z. B. 10, 27, 87 Tage) Bestrahlung gemessen. Das Produkt aus der bis dahin gemessenen mittleren spektralen Bestrahlungsstärke und der Bestrahlungszeit ergibt dann jeweils die Größe H_λ im VIS.

3.3. Messung des Weißgrades

Die Viskosefasern sind farbmetrisch betrachtet gelbstichig. Es ist deshalb ausreichend, für die Beurteilung des Weißgrades W die Beziehung von *Stephansen* zu verwenden, d. h.

$$W = 2B - R, \tag{3}$$

wobei B den Reflexionsgrad bei 460 nm
und R den Reflexionsgrad bei 620 nm
bedeuten. Die Messung der Reflexionsgrade B und R wird mit dem Leukometer des VEB Carl Zeiss Jena vorgenommen.

4. Ergebnisse der spektralen Bestrahlung

Mit der im Abschnitt 3.1.1 beschriebenen Bestrahlungseinrichtung und dem in den Abschnitten 3.2.1 und 3.3 beschriebenen Meßeinrichtungen für die spektrale Bestrahlung und den Weißgrad ergeben sich für das UV die im Bild 4 dargestellten Kurven.

Entsprechend Bild 4 ist die Weißgradänderung ΔW bei 313 nm immer negativ. Für eine spektrale Bestrahlung größer als 50 Ws/cm² wird die Weißgradänderung bei 365 nm

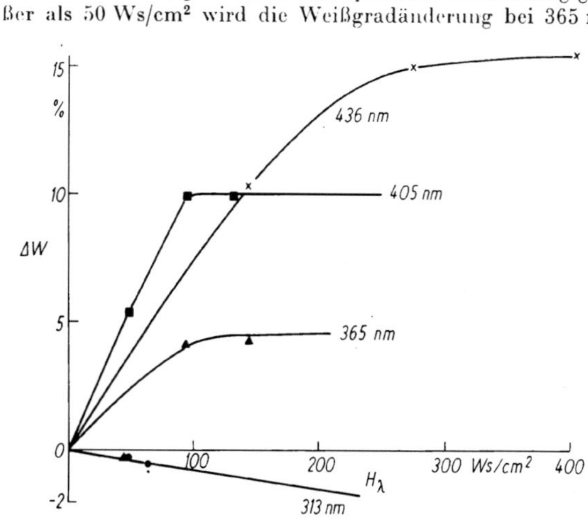

Bild 4. Weißgradänderung von VIF in Abhängigkeit von der spektralen Bestrahlung (Verwendung einer Hg-Hochdruck-Lampe S 450 und Hg-Monochromat-Filtern)

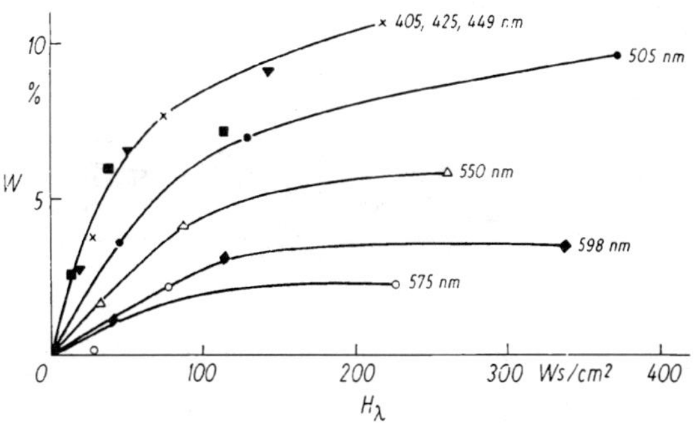

Bild 5. Weißgradänderung von VIF in Abhängigkeit von der spektralen Bestrahlung (Verwendung einer Leuchtstoff-Lampe und Metall-Interferenz-Filtern)

immer positiv. Die maximale positive Weißgradänderung (Weißgrad-Erhöhung) ergibt sich nach Bild 4 für den Übergang in das sichtbare Spektralgebiet, d. h. für 405 und 436 nm.

Ähnliche Verhältnisse ergeben sich mit der im Abschnitt 3.1.2 beschriebenen Bestrahlungseinrichtung für das sichtbare Spektralgebiet und den in den Abschnitten 3.2.2 und 3.3 beschriebenen Meßeinrichtungen für die spektrale Bestrahlung und den Weißgrad (Bild 5). Die maximale positive Weißgradänderung ΔW (Weißgrad-Erhöhung) liegt im Bereich von 405 bis 449 nm. Bei größeren Wellenlängen nimmt die Weißgradänderung wieder ab. Diese Ergebnisse zeigen bereits, daß die Grenzwellenlänge für die von uns untersuchten Viskosefasern zwischen 310 und 360 nm und das Maximum der positiven Weißgradänderung (Weißgrad-Erhöhung) zwischen 400 und 450 nm liegen. Eine detaillierte Auswertung wird nachfolgend angegeben.

5. *Auswertung der Ergebnisse*

5.1. *Anfängliche Weißgradänderung*

Ohne den gesamten Verlauf der Weißgradänderung mit der Bestrahlung zu verfolgen, wird zunächst nur die zu Beginn der Bestrahlung vorhandene Proportionalität zwischen Weißgradänderung ΔW und spektraler Bestrahlung H_λ zur Auswertung der Ergebnisse herangezogen. Die in den Bildern 4 und 5 angegebenen Weißgradänderungen ΔW werden auf die spektrale Bestrahlung H_λ bezogen und stellen damit den absoluten spektralen Verlauf der anfänglichen Weißgradänderung

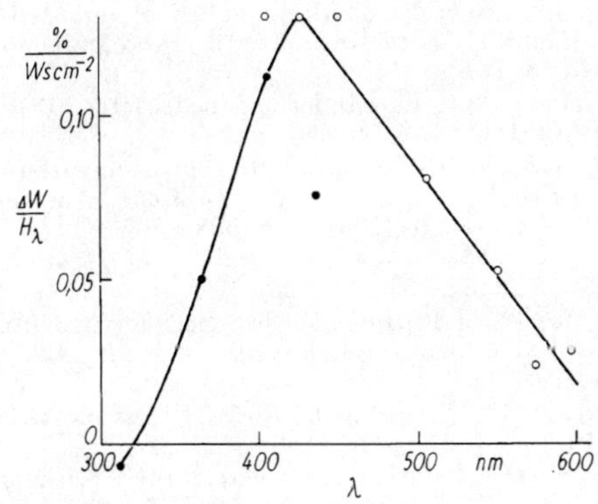

Bild 6. Absoluter spektraler Verlauf der anfänglichen Weißgradänderung von VIF bei Einwirkung von Quanten des energiegleichen Spektrums

●—●—● Aufgenommen mit Hg-Hochdruck-Lampe
○—○—○ Aufgenommen mit Leuchtstoff-Lampe

von Viskosefasern bei Einwirkung von Quanten des energiegleichen Spektrums dar (Bild 6).

Im Bild 6 ist die Weißgradänderung ΔW im Bereich von 0 bis 50 $\mu W/cm^2$ auf die spektrale Bestrahlung H_λ bezogen. Die Größe $\Delta W/H_\lambda$ stellt praktisch ein Maß für die Geschwindigkeit der Weißgradänderung am Anfang der spektralen Bestrahlung dar.

Die relative Verteilung der Größe $\Delta W/H_\lambda$ ist im Bild 7 dargestellt unter der Voraussetzung der Mittelung der im Wellenlängenbereich von 400 bis 450 nm aufgetretenen Werte.

In diesem Bereich ergibt sich im Mittel

$$\left(\frac{\Delta W}{H_\lambda}\right)_{max} = 0{,}11\ \frac{\%}{Ws/cm^2}.$$

Aus den Bildern 6 und 7 ist deutlich zu erkennen, daß die Grenzwellenlänge bei 322 ± 5 nm und das Maximum der anfänglichen Weißgradänderung bei 425 nm liegen.

5.2. *Weißgrad nach extrem langer spektraler Bestrahlung*

Die Bestimmung des Weißgrades nach extrem langer spektraler Bestrahlung setzt die Kenntnis der Kinetik der Weißgradänderung mit der spektralen Bestrahlung voraus. Bei weiterer Einwirkung der Strahlung muß sich schließlich ein Sättigungszustand ausbilden. Das von *Sommer* [9] diskutierte Wurzelgesetz hat hier nur eine begrenzte Gültigkeit, weil nach ihm der Weißgrad mit der Bestrahlung immer anwachsen würde, ohne einem endlichen Grenzwert zuzustreben. Eine einfache andere Potenzfunktion liegt auch nicht vor. Es ist vielmehr so, daß sich die Größe $\Delta W/\Delta H_\lambda$, die die Steigerung der im Bild 8 dargestellten Kurve bedeutet, mit der Bestrah-

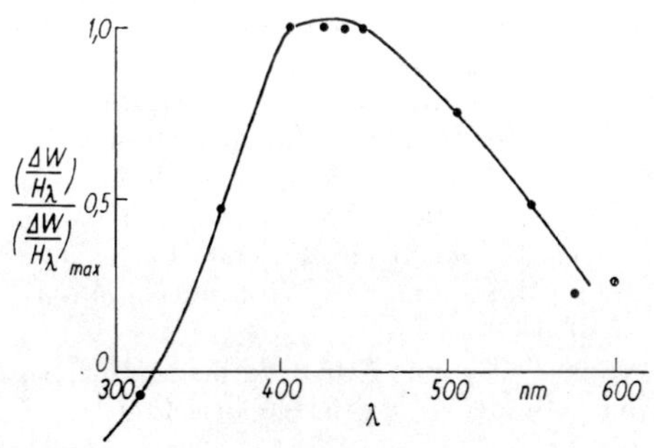

Bild 7. Relativer spektraler Verlauf der anfänglichen Weißgradänderung von VIF bei Einwirkung von Quanten des energiegleichen Spektrums

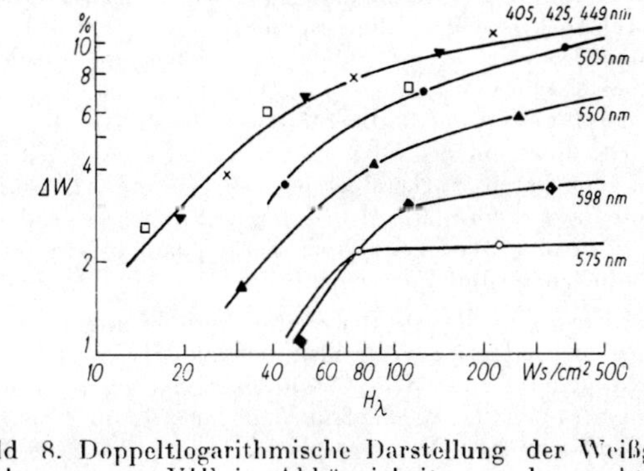

Bild 8. Doppeltlogarithmische Darstellung der Weißgradänderung von VIF in Abhängigkeit von der spektralen Bestrahlung

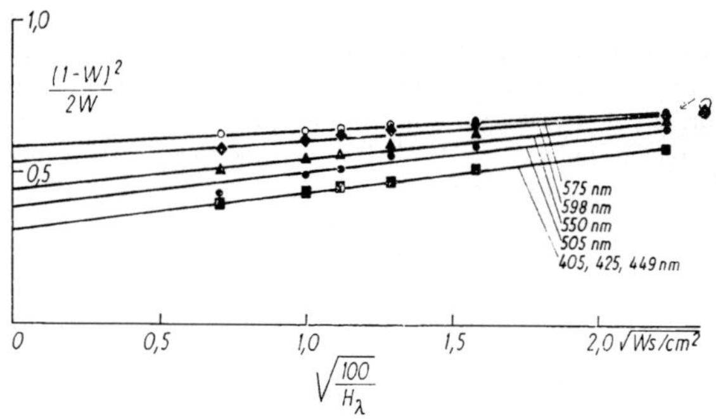

Bild 9. Darstellung der *Kubelka/Munk*-Funktion des Weißgrades in Abhängigkeit von der Wurzel des Kehrwertes der spektralen Bestrahlung (Hg-Hochdruck-Lampen-Werte)

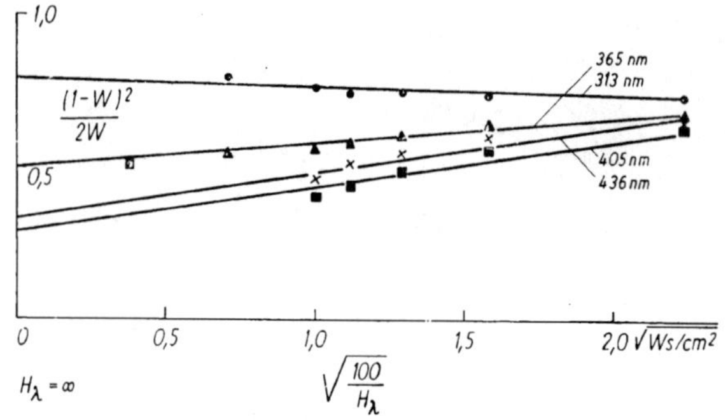

Bild 10. Darstellung der *Kubelka/Munk*-Funktion des Weißgrades in Abhängigkeit von der Wurzel des Kehrwertes der spektralen Bestrahlung (Leuchtstoff-Lampen-Werte)

lung H_λ immer mehr verringert. Als erste Näherungsfunktion für die Weißgradänderung in Abhängigkeit von der spektralen Bestrahlung kann die von *Kubelka* und *Munk* [7] gefundene Beziehung verwendet werden, wie das in den Bildern 9 und 10 zum Ausdruck kommt. Der Abszisse 0 entspricht in den Bildern 9 und 10 der Weißgrad W_∞ nach extrem langer Bestrahlung. Trägt man diesen Weißgrad W_∞ in relativen Einheiten über den Wellenlängen des energiegleichen Spektrums auf, dann erhält man die im Bild 11 dargestellte Kurve. Dabei sind wieder wie im Bild 7 die im Wellenlängenbereich 400 bis 450 nm aufgetretenen Werte W_∞ gemittelt worden. Nach Bild 11 liegt die Grenzwellenlänge bei 325 nm. Das Maximum der Weißgradänderung liegt bei 425 nm.

Der allgemeine Verlauf der im Bild 11 dargestellten Kurve entspricht ungefähr der im Bild 7 dargestellten. Die Grenzwellenlänge liegt unter Berücksichtigung der Bilder 7 und 11 ungefähr bei 325 ± 5 nm. Das Maximum der positiven Weißgradänderung liegt bei 425 ± 5 nm.

Aus den letztgenannten Kurvendaten ergibt sich z. B., daß sich diese spektrale Verteilung erheblich von der spektralen Verteilung der Wirkungsvolumina unterscheidet. Die spektralen Wirkungsvolumina sind für den Abbau der Reißkraft von Faserstoffen verantwortlich [5]. Das Maximum der Wirkungsvolumina liegt meist im fernen UV.

Im zweiten Teil dieser Arbeit wird über die Anwendungen der gefundenen Ergebnisse berichtet.

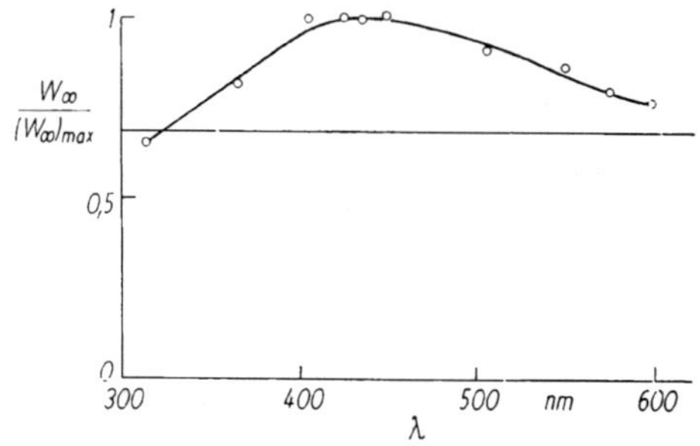

Bild 11. Relative spektrale Verteilung des Weißgrades W_∞ (Die Gerade entspricht dem Ausgangsweißgrad (W_0 = 32%))

6. *Zusammenfassung*

6.1. Es werden die *experimentellen Anordnungen* zur Bestimmung der Weißgradänderung von Viskosefasern durch spektrale Bestrahlung beschrieben.
Im ultravioletten Spektralbereich werden eine Quecksilber-Hochdruck-Lampe und Quecksilber-Monochromat-Filter verwendet. Zur Messung der Bestrahlungsstärke dient ein Selen-Photoelement mit Quarzfenster. Im sichtbaren Spektralbereich werden eine Leuchtstoff-Lampe und Metall-Interferenz-Filter verwendet. Zur Messung der Bestrahlungsstärke genügt ein Selen-Photoelement mit Lackschicht.

6.2. Die Ergebnisse der spektralen Bestrahlung zeigen, daß die *Grenzwellenlänge* von Viskosefasern-VIF-2,2 tex — Provenienz: Wi bei 325 ± 5 nm liegt. Bei Verwendung von Strahlen mit Wellenlängen kleiner als die Grenzwellenlänge tritt Vergilbung ein. Liegen die Wellenlängen oberhalb der Grenzwellenlänge, dann werden die Viskosefasern weißer.

6.3. Das *Maximum der Weißgraderhöhung* von Viskosefasern-VIF-2,2 tex — Provenienz: Wi infolge spektraler Bestrahlung liegt im Bereich von 400 bis 450 nm bei ca. 425 nm bezüglich des energiegleichen Spektrums.

6.4. Die *gesamte spektrale Verteilung* der Weißgradänderung von Viskosefasern-VIF-2,2 tex — Provenienz: Wi nach Bestrahlung bezüglich des energiegleichen Spektrums wird angegeben (Bilder 7 und 11).

Literatur

[1] *Bauer, G.:* Strahlungsmessung im optischen Spektralbereich. Braunschweig: Vieweg & Sohn 1962.
[2] *Kauffmann, H.:* Die Einwirkung des Lichtes auf Baumwolle. Melliand Textilber. **7** (1926) 7, S. 617.
[3] *Kaufmann, S.:* Farbänderung belichteter Zellwolle, Teil I und II. Mitt. Inst. Textiltechnol. Chemiefaser **5** (1961) 3, S. 134—147.
[4] *Kaufmann, S.:* Farbänderung belichteter Cellulose. Optik **19** (1962) 1, S. 56—66.
[5] *Kaufmann, S.:* Die spektrale Strahlungseinwirkung auf die Reißspannung von Faserstoffen. Faserforsch. u. Textiltechnik **15** (1964) 8, S. 358—367.
[6] *Kopec, U.:* Ein neues UV-Normal. Feingerätetechnik **6** (1957) 1, S. 32—35.
[7] *Kubelka, P.*, und *Munk, F.:* Ein Beitrag zur Optik der Farbanstriche. Z. techn. Physik **12** (1931) 11a, S. 593 bis 601.
[8] *Meyer, A. E. H.*, und *Seitz, E. O.:* Ultraviolette Strahlen. Berlin: De Gruyter, 1949.
[9] *Sommer, H.:* Beiträge zur Lichtechtheitsprüfung von Färbungen. Monatsschrift f. Textilind. (1931) 1 bis 8, S. 25—289.
[10] *Voigt, J.:* Die Stabilisierung der Kunststoffe gegen Licht und Wärme. Berlin/Heidelberg/New York: Springer 1966.

Eingegangen am 29. September 1970

Elektronenmikroskopische Untersuchungen an Ultradünnschnitten von Celluloseregeneratfäden

Teil VI: Die Struktur der Mantelzone[1)]

Heinz Jürgen Gensrich und Anneliese Gröbe

Deutsche Akademie der Wissenschaften zu Berlin, Institut für Faserstoff-Forschung in Teltow-Seehof

DK 677.463:677.021.125.2:677.021.125.3:677.463.061.3:537.533.35

Die Morphologie der Mantelsubstanz von Mantel/Kern-Fäden und Vollmantelfäden wurde im primären Gelzustand untersucht. Es konnte gezeigt werden, daß auch die Mantelsubstanz als dreidimensionales Netzwerk von definierten Strukturelementen während der Fadenbildung entsteht, dessen Morphologie von den Koagulationsbedingungen abhängt.

Электронномикроскопические исследования ультратонких срезов гидратцеллюлозных волокон
Часть VI: Структура оболочки

Изучена морфология оболочки свежесформованных волокон с оболочкой и ядром, а также волокон без ядра. Показано, что оболочка также возникает в процессе формования как трехмерная сеть определенных структурных элементов, морфология которой зависит от условий коагуляции.

Electron Microscopic Investigations of Ultrathin Sections of Rayon Fibres.
Part IV. The Structure of the Core

The morphology of the core in skin-core and all-core filaments in the state of a primary gel has been investigated. The core substance is shown to consist of a three-dimensional network of defined structural elements, the morphology of which depends on the conditions of coagulation during the fibre formation.

1. Einleitung

Die bisherigen Kenntnisse über die Struktur der Cellulose und der Celluloseregeneratfäden einschließlich der Vollmantelfäden sind in mehreren Monographien und speziellen Darstellungen enthalten [1]. Die heute noch strittigen Fragen der Feinstruktur und Morphologie von Celluloseregeneraten wurden 1967 und 1969 beim Rundgespräch der Cellulosechemiker in Baden-Baden ausführlich behandelt [2, 3]. Daraus geht hervor, daß neben der Feinstruktur der kleinsten übermolekularen Bausteine der Cellulose, den Kristalliten bzw. Elementarfibrillen, besonders die Anordnung dieser Strukturelemente zum Fadenverband von großem Interesse ist, da hierin die Ursache für die Vielzahl von Celluloseregeneratfäden mit den unterschiedlichsten textilphysikalischen Eigenschaften gesehen wird.

Wir fanden, daß die Ultradünnschnitte von Mantel/Kern-Fäden im primären Gelzustand zwei Zonen zeigen: eine Randzone dichter Cellulosepackung und im Innern eine Netzstruktur [4]. Das Cellulosenetz im Kern der Fäden wird aus ca. 100 Å breiten Fibrillen und deren Aggregationen aufgebaut. Über die Morphologie der Mantelsubstanz konnten bisher keine Aussagen gemacht werden. Wir haben deshalb den strukturellen Aufbau der Mantelsubstanz untersucht.

Die sehr dichte Packung der Cellulose in der Mantelsubstanz zwingt aber dazu, neben der bisher eingesetzten Metallbeschattung zur Kontraststeigerung im Ultradünnschnitt, die Kontrastierung mit Phosphorwolframsäure anzuwenden, mit der eine höhere Auflösung zu erreichen ist.

2. Material und Methoden

Die Erspinnungsbedingungen der hier untersuchten Fadenproben und ihre Präparation für die Elektronenmikroskopie sind in Tabelle 1 aufgeführt. Einzelheiten über Herstellung und Methodik befinden sich in den Teilen I und II der vorliegenden Arbeit [5, 6].

3. Darstellung und Diskussion der Ergebnisse

3.1. *Metallbeschattungspräparate*

Bild 1a zeigt den Ultradünnschnitt eines Fadens, dessen Mantelzone im primären Gelzustand ein grießiges

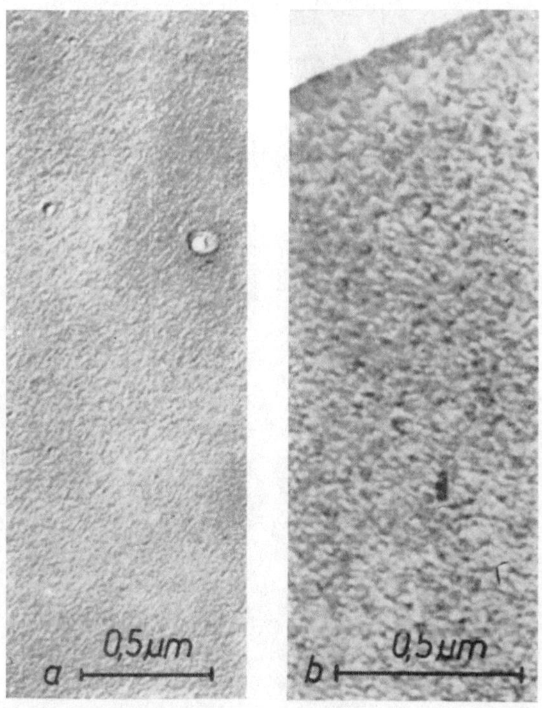

Bild 1. Querschnittsausschnitte der Mantelzonen von Probe R und V, Einbettungsmittel Methacrylat, gelöst mit Benzoldampf, Pd-beschattet

a) Probe R, Verweilzeit im Spinnbad 4 s. Vergrößerung 40000 : 1
b) Probe V, Verweilzeit im Spinnbad 0,65 s (Neutralpunkt). Vergrößerung 55000 : 1

[1)] Teil V s. [4].

Tabelle 1. Erspinnungsbedingungen der untersuchten Fadenproben und Präparationsverfahren für die Elektronenmikroskopie

Fadenkurzbezeichnung	Fadentyp	Spinnbad	Verzug	Verweilzeit des Fadens im Spinnbad s	Zersetzungslösung	Präparation	Einbettungsmittel	Kontrastierung	Bild Nr.
B*)	Koagulationsfäden	$2\,n\,(NH_4)_2 \cdot SO_4$ 20 °C	2	3	2 n $(NH_4)_2SO_4$	Gefriertrocknung, Ultramikrotomie	DURCUPAN ACM	PWS	7a, 7b
R*)	Mantel-Kern-Fäden	1 n H_2SO_4 2 n Na_2SO_4 0,315 n $ZnSO_4$ 45 °C	1	4	1 n H_2SO_4	Lösungsmittelaustausch Ultramikrotomie	vorpolymerisiertes Methacrylat	Pd-Beschattung	1a
							DURCUPAN ACM	PWS	10, 12a
						Gefrierätzung, Querschnittsreplika	—	Pt/C-Beschattung	4
RM*)	Vollmantel-Fäden**)	1 n H_2SO_4 2 n Na_2SO_4 0,315 n $ZnSO_4$ 45 °C	1	4	1 n H_2SO_4	Lösungsmittelaustausch, Ultramikrotomie	DURCUPAN ACM	PWS	11, 12b
						Gefrierätzung, Querschnittsreplika	—	Pt/C-Beschattung	5, 6
V*)	Mantel-Kern-Fäden	1n H_2SO_4 2 n Na_2SO_4 0,107 n $ZnSO_4$ 21 °C	1	0,65	2 n $(NH_4)_2SO_4$	Lösungsmittelaustausch, Ultramikrotomie	vorpolymerisiertes Methacrylat	Pd-Beschattung	16
W***)	Mantel-Kern-Fäden	3 n H_2SO_4 3,9 n Na_2SO_4 0,1 n $ZnSO_4$ 20 °C	1,35	0,27	1 n Natriumacetat	Lösungsmittelaustausch, Ultramikrotomie	vorpolymerisiertes Methacrylat	Pd-Beschattung	2a, 3
							DURCUPAN ACM	PWS	8, 9
	technische Viskoseseide					Gefrierätzung, Querschnittsreplika	—	Pt/C-Beschattung	2b
RT 700	Vollmantel-Fäden	Supercordspinnbedingungen	—	—	—	Trocknung, Ultramikrotomie	DURCUPAN ACM	PWS	13, 14

*) Viskose: 8,3% Cellulose, 6,0% Alkali, 47% CS_2 (s. [5])
**) Für Probe RM wurde die Viskose mit 2,5 g/l des Modifikators Oxydwachs AN versetzt (s. [4])
***) Viskose: 8,15% Cellulose, 6,25% Alkali, 33% CS_2

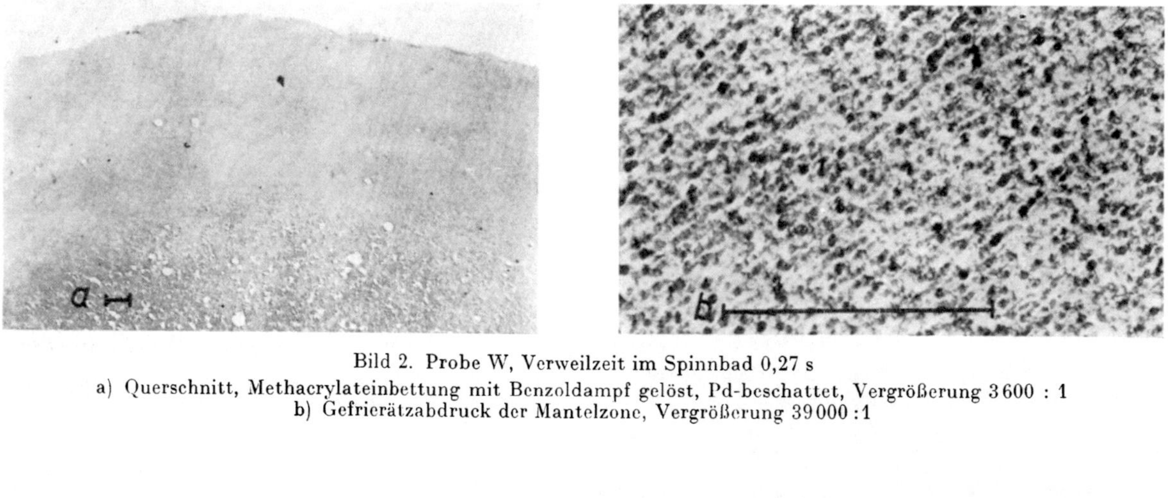

Bild 2. Probe W, Verweilzeit im Spinnbad 0,27 s
a) Querschnitt, Methacrylateinbettung mit Benzoldampf gelöst, Pd-beschattet, Vergrößerung 3600 : 1
b) Gefrierätzabdruck der Mantelzone, Vergrößerung 39000 : 1

Tabelle 2. Strukturmerkmale des Mantels der untersuchten Fadenproben

Fadenprobe	Fadentyp	Präparation und Kontrastierung	Strukturelemente: Breite Å	Strukturelemente: Abstand zwischen den Verknüpfungspunkten Å	Mikrohohlräume: Breite Å	Mikrohohlräume: Länge Å	Makrohohlräume, Durchmesser Å	Bemerkungen
R	Mantel/Kern-Faden	Gefrierätzung, Pt/C-Beschattung	60···90	60···200	—	—	vereinzelt 200···4000	primärer Gelzustand
		Ultramikrotomie, PWS	30···50	40···100	20···40	20···250	200···4000	primärer Gelzustand
W	Mantel/Kern-Faden	Ultramikrotomie, Pd-Beschattung	60···100 vereinzelt bis 200	60···310	60···150	60···300	500···5000	primärer Gelzustand, technische Viskoseseide
		Gefrierätzung, Pt/C-Beschattung	60···90	60···300	50···80	50···400	vereinzelt 500···5000	
		Ultramikrotomie, PWS	50···80 vereinzelt bis 150	70···270	50···150	50···320	500···5000	
RM	Voll-Mantel-Fäden	Gefrierätzung, Pt/C-Beschattung	ca. 70···90	ca. 80···200	—	—	200···9000	primärer Gelzustand, modifizierte Viskose
		Ultramikrotomie, PWS	60···90	60···200	50···120	50···180	200···8000	
RT 700	Voll-Mantel-Fäden	Ultramikrotomie, PWS	dunkle Bereiche Breite Å 40···70	dunkle Bereiche Länge Å 40···100	helle Bereiche Breite Å 20···60	helle Bereiche Länge Å 20···150	100···1300	Supercord-Spinnprozeß, Faden getrocknet

Aussehen hat. Entnimmt man Fadenproben in Düsennähe aus dem Spinnbad, so sind die Fäden wegen der höheren Quellung stärker aufgelockert, und die Inhomogenität der Mantelzone kann als Netzstruktur gedeutet werden (Bild 1b). In der Mantelzone einer technischen Viskoseseide (Probe W) ist dieser netzartige Aufbau zu sehen (Bild 2a und 3). Besonders im Übergangsgebiet zwischen Mantel und Kern erkennt man an den Rändern der Hohlräume voneinander isolierte Strukturelemente, die im Mantel dreidimensional verflochten sind und zwischen denen sich Mikrohohlräume befinden (Bild 3).

Unter dem Meßmikroskop ausgemessen haben die Strukturelemente eine Breite von 60 bis 100 Å; außerdem sind Zusammenlagerungen dieser Strukturelemente bis 200 Å zu beobachten. Ihre Länge ist wegen der regellosen Anordnung im Netzwerk und der sehr häufigen Verknüpfung untereinander nicht zu ermitteln. Die Abstände zwischen den Verknüpfungspunkten betragen 60 bis 310 Å. Die hell abgebildeten Mikrohohlräume im Cellulosenetz haben runde, ovale und spaltenförmige Gestalt mit Breiten von 60 bis 150 Å und Längen bis zu 300 Å. Neben diesen charakteristischen Merkmalen des Netzwerkes kann man aus Bild 3 ableiten, daß es mit enger werdendem Netz schwieriger wird, Hohlräume und Strukturelemente zu unterscheiden. Sehr engmaschige Netzwerke können deswegen nicht mehr ausgewertet werden. Die Inhomogenität der Schnittfläche bleibt aber Ausdruck einer netzartigen Anordnung.

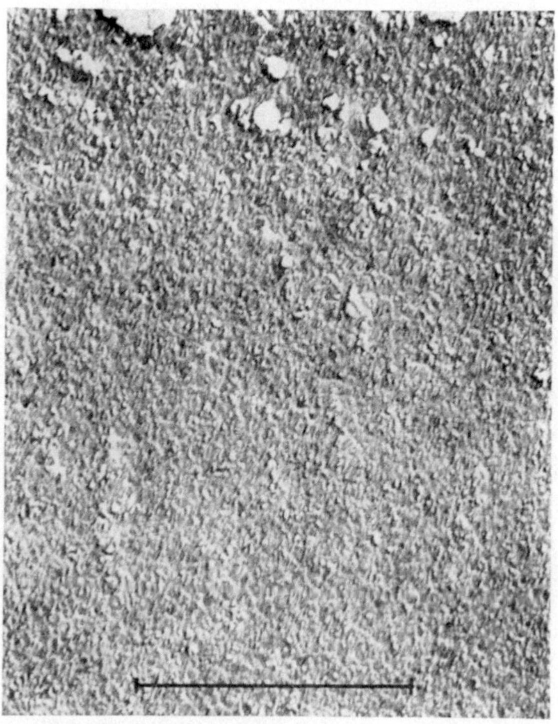

Bild 3. Probe W, Übergangsgebiet zwischen Mantel und Kern
Ausschnittsvergrößerung aus Bild 2a, Vergr. 40000 : 1

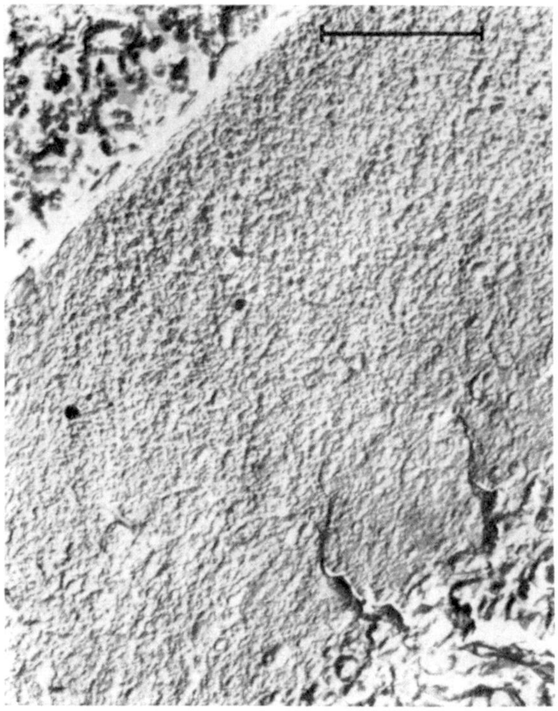

Bild 4. Probe R, Gefrierätzabdruck der Mantelzone, Vergrößerung 24000 : 1

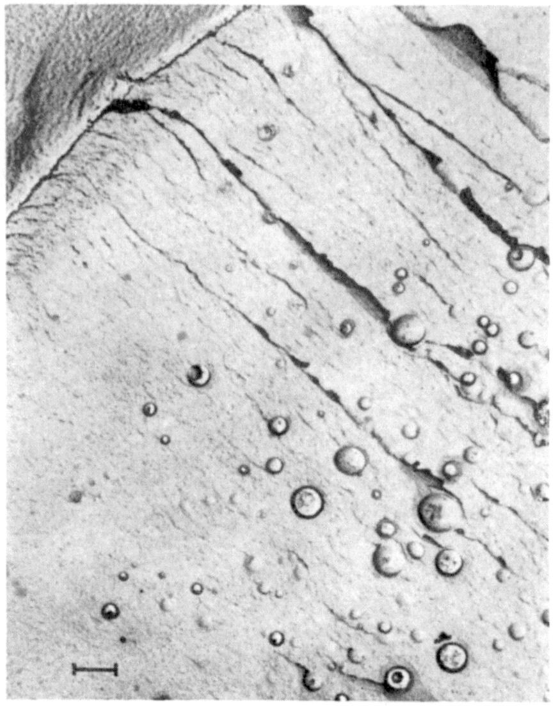

Bild 5. Probe RM (modifikatorhaltige Viskose) Gefrierätzabdruck des Vollmantelfadens. Vergrößerung 6200 : 1

Die gleiche Fadenprobe untersuchten wir mit der *Gefrierätztechnik*. Diese in Teil II beschriebene Methodik gestattet es, Platin/Kohle-Repliken von der Querschnittfläche der hochgequollenen Fäden herzustellen [6].

In Bild 2b ist ein Ausschnitt aus der Mantelfläche der Probe W zu sehen. Das Relief des Querschnittabdruckes zeigt dunkle, nahezu runde Punkte. Sie stellen Anschnitte von Hohlräumen bzw. herausgebrochene Cellulosesubstanz dar[2]). Sowohl am Rand als auch auf dem Grund dieser Hohlräume sind Strukturelemente und Mikrohohlräume zu erkennen. Isolierte Strukturelemente haben in Übereinstimmung mit dem Ultradünnschnitt Breiten von 60 bis 90 Å. Ihre Länge beträgt auch hier zwischen den Verknüpfungspunkten ca. 60 bis 300 Å (s. Tabelle 2). Insgesamt sind aber die Strukturen des Netzes gegenüber dem Ultradünnschnitt schlechter zu differenzieren (vgl. Bild 2b u. 3).

Bild 4 zeigt einen Ausschnitt aus der Mantelzone der gefriergeätzten Probe R. Rechts unten im Bild ist der Übergang zum weitmaschigen Cellulosenetz des Kerns zu sehen, in dessen großen Hohlräumen die etwas tiefer liegende Eisstruktur erscheint, die auch die Bilddecke links oben ausfüllt. Die Bruchfläche der Mantelzone hat ein Relief, das dem Bild 2b ähnlich ist. Es sind Strukturelemente von 60 bis 90 Å Breite und Längen bis zu 200 Å auszumessen, man erkennt, daß auch die Mantelzone dieser Probe eine Netzstruktur besitzt.

Die morphologischen Veränderungen beim Übergang zum Vollmantelfaden durch Zusatz von Modifikator zur Viskose, haben wir im Teil V an Ultradünnschnitten dargestellt [4]. Eine Feinstruktur an den sehr kompakten Vollmantelfäden (Probe RM) war nicht zu beobachten. Präpariert man diese Probe mit der Gefrierätz-

[2]) Im engeren Sinne ist das Schneiden mit dem eingebauten Mikrotom der Gefrierätzanlage (BA 510 M, Balzers AG Liechtenstein) ein Absplittern von dünnen Eisschichten mit den darin enthaltenen Präparatbruchstücken [7].

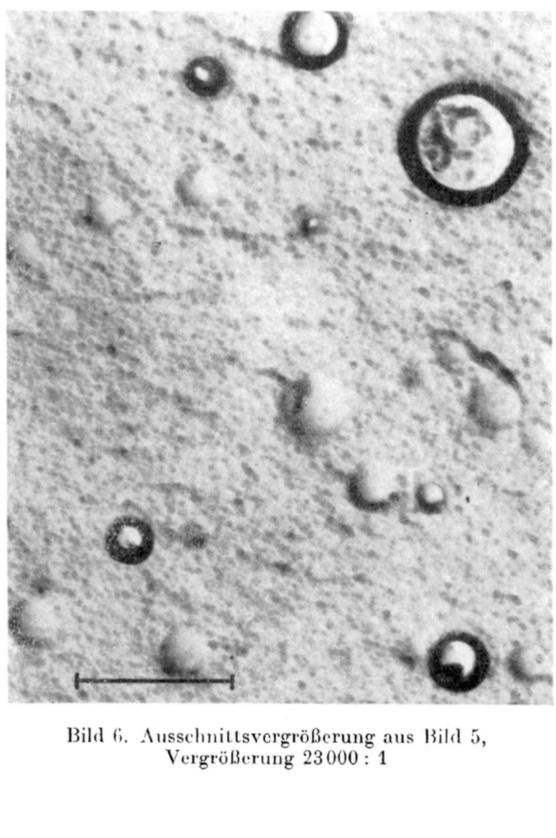

Bild 6. Ausschnittsvergrößerung aus Bild 5, Vergrößerung 23000 : 1

technik, so stimmen sowohl die Querschnittform als auch die Verteilung und die Abmessungen der großen Hohlräume mit dem Ultradünnschnitt überein (Bild 5). In den Hohlräumen und außerhalb des Fadens ist wieder die Struktur des Eises zu erkennen. Bei höherer Vergrößerung wird auch hier eine netzartige Anordnung der Strukturelemente sichtbar (Bild 6). Die Breite der Strukturelemenete liegt, wie schon bei den anderen Proben, unter 100 Å (Tabelle 2).

Die Bilder 1 bis 6 beweisen somit, daß eine netzartige Anordnung von Strukturelementen als Bauprinzip der Mantelsubstanz vorhanden ist. Die Untersuchungen haben aber auch gezeigt, daß es bei diesen engmaschigen Netzwerken schwierig ist, mit der Metallbeschattung als Kontrastierungsverfahren, Struktureinzelheiten sicher zu deuten. Die Ursache dafür liegt in der Metallauflage, durch die neben der Verstärkung der Strukturelemente sehr schmale Spalten zwischen ihnen überdeckt werden können. Wir kontrastierten deshalb mit Phosphorwolframsäure (PWS), die bereits von vielen Autoren zur Kontraststeigerung in Cellulosepräparaten benutzt wurde.

3.2. *Phosphorwolframsäure-Kontrastierung* *Methodik*

Phosphorwolframsäure ist eine Substanz, die mit Cellulose keine direkte Verbindung eingehen kann. Sie ist auch nicht in der Lage, in die Kristallite der Cellulose einzudringen. Phosphorwolframsäure wurde deswegen vorwiegend als Negativ-Kontrast-Mittel angewandt. Das Verfahren beruht darauf, daß eine neutralisierte 1- bis 2%ige PWS-Lösung mit den darin suspendierten Partikeln auf den Objektträgern eintrocknet und eine zusammenhängende Schicht bildet, aus der die Partikel herausragen. Bei Durchstrahlung erscheinen die Partikel hell. Diese Methodik verwandten u. a. *Mühlethaler* und *Manley* um isolierte Fibrillen der Cellulose von 35 Å Breite abzubilden [8, 9].

Mit dem Absorptionskontrastverfahren untersuchten *Dolmetsch* und *Dolmetsch* Spaltstücke und Ultradünnschnitte von Faserverbänden [10, 11, 12]. Nach *Dolmetsch* wird den Cellulosestrukturen nur soviel Kontrastierungsmittel zur Verfügung gestellt, wie von dem Präparat absorptiv aufgenommen werden kann, so daß die Umgebung des Präparates hell erscheint [10]. Im Präparat wird die PWS durch Eintrocknen der 0,1- bis 0,2%igen, neutralen Lösung in den zugänglichen Bereichen zwischen den Cellulosekristalliten abgelagert und färbt diese dunkel. Die Kristallite der Cellulose erscheinen hell und haben z. B. bei Baumwolle, Holzfaserzellwänden und Bastfasern Breiten von ca. 40 Å [12]. Um die Diskrepanz zwischen diesen elektronenmikroskopisch ermittelten Kristallitbreiten und den röntgenographisch bestimmten Kristalliten von 55 Å Breite auszugleichen, nehmen *Dolmetsch* und *Dolmetsch* an, daß die Kristallite eine für PWS zugängliche weniger geordnete Außenschicht besitzen [12].

Eine Positivanfärbung von Polysacchariden durch PWS, die in tierischen Geweben sehr spezifisch ist, beschreibt *Pease* [13]. Die Ultradünnschnitte werden mit einer ungepufferten 5%igen PWS-Lösung 30 min behandelt, mit einer 1%igen Lösung gespült und die anhaftende Flüssigkeit mit Filterpapier abgesaugt. *Pease* nimmt eine durch Wasser leicht zu lösende Bindung der Phosphorwolframsäure über H-Brücken an. Aus der Konfiguration des PWS-Moleküls leitet er ab, daß zwölf außenständige, jeweils nur an einem Wolfram-Atom gebundene Sauerstoffatome für solche Wasserstoffbrückenbindungen mit den OH-Gruppen der Polysaccharide zur Verfügung stehen. Cellulose sollte deswegen an den Oberflächen der Kristallite und Elementarfibrillen ebenfalls mit PWS positiv anfärbbar sein.

Das von uns benutzte Kontrastierungsverfahren war deshalb, ähnlich wie das von *Pease*, darauf gerichtet, möglichst jeden Überschuß an PWS zu vermeiden, so daß nur soviel PWS auf den Präparaten zurückbleibt, wie von der Cellulose adsorptiv oder über H-Brücken auf den Strukturelementen gebunden werden kann. Die folgenden Bedingungen erwiesen sich als geeignet: Auf den Objektträgernetzen befindliche Ultradünnschnitte werden auf die Oberfläche einer 2%igen PWS-Lösung mit einem pH-Wert von 5 bis 7 aufgelegt, so daß PWS einseitig auf den Schnitt aufzieht. Nach Ablauf der Kontrastierungszeit (2 h) saugten wir die als Tropfen am Objektträgernetz haftende Kontrastierungslösung sorgfältig mit Filterpapier ab und trockneten die Schnitte.

Diskussion der Methodik und Ergebnisse

Die PWS-Färbung von Ultradünnschnitten führt zu Unsicherheiten in der Interpretation, wenn sehr kleine Strukturen nachgewiesen werden sollen. In diesem Falle kann man nicht genau entscheiden, ob die durch PWS dunkel angefärbten Bereiche als Strukturelemente oder als Zwischenräume aufzufassen sind. Wir klärten deshalb in Vorversuchen, welche Aussagen das von uns benutzte PWS-Kontrastierungsverfahren zuläßt. Vor allem mußte geprüft werden, in welcher Weise das Einbettungsmittel die Kontrastierung beeinflußt.

Bild 7a zeigt den unkontrastierten Ultradünnschnitt einer in Ammoniumsulfatlösungen ersponnenen Fadenprobe, die im primären Gelzustand in DURCUPAN ACM eingebettet wurde. Alle Hohlräume sind vollständig mit dem Einbettungsmittel angefüllt. Stellt man diesem Bild einen mit PWS angefärbten Ultradünnschnitt derselben Probe gegenüber (Bild 7b), so beweist der

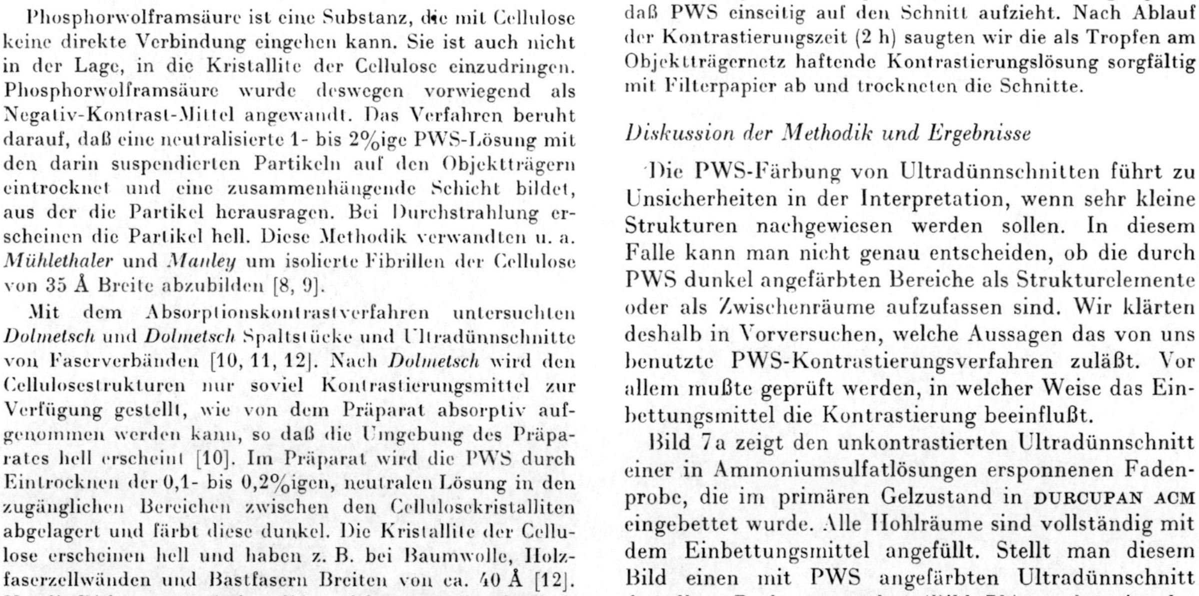

Bild 7. Probe B, Spinnbad 2 n $(NH_4)_2SO_4$
a) Einbettung in DURCUPAN ACM, unkontrastiert, Vergrößerung 5800 : 1
b) wie a) mit PWS kontrastiert, Vergrößerung 10000 : 1

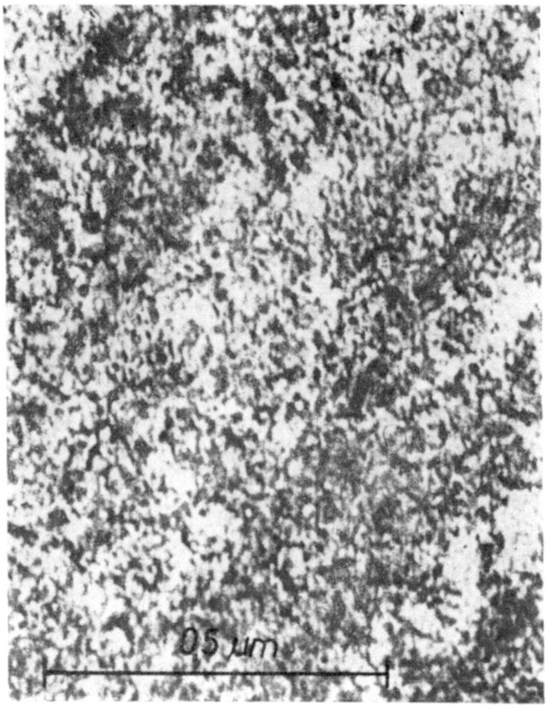

Bild 8. Probe W, Einbettungsmittel: DURCUPAN ACM, Querschnitt mit PWS kontrastiert, Vergrößerung 100000 : 1, DFV[1])

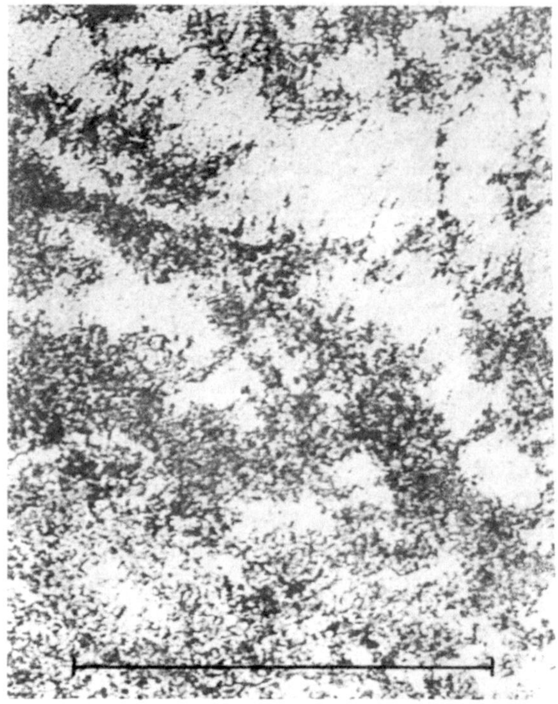

Bild 9. Probe W, Mechanisch geschädigter Faden, Einbettungsmittel: DURCUPAN ACM, Ultradünnschnitt mit PWS kontrastiert, Vergrößerung 60000 : 1, DFV

[1]) Die Bilder 8, 9, 10, 11 und 14 wurden für die Veröffentlichung nach dem Detailfilterverfahren (DFV) kopiert [28].

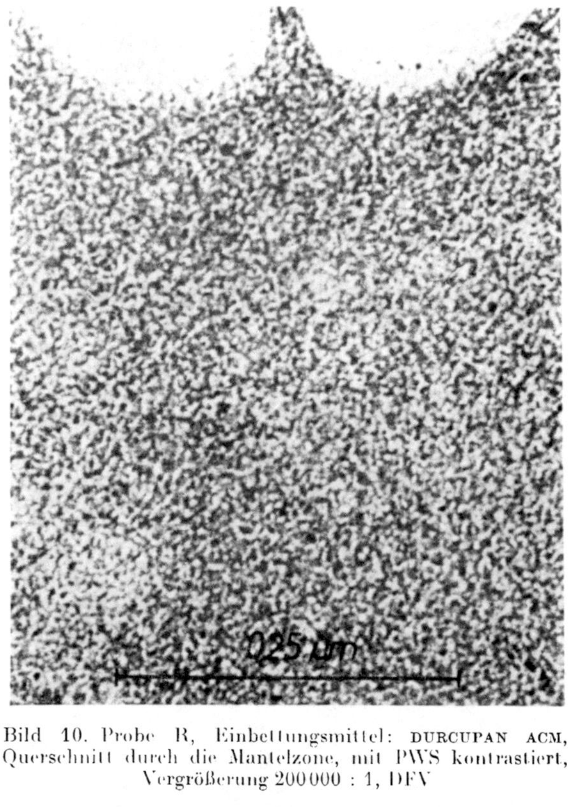

Bild 10. Probe R, Einbettungsmittel: DURCUPAN ACM, Querschnitt durch die Mantelzone, mit PWS kontrastiert, Vergrößerung 200000 : 1, DFV

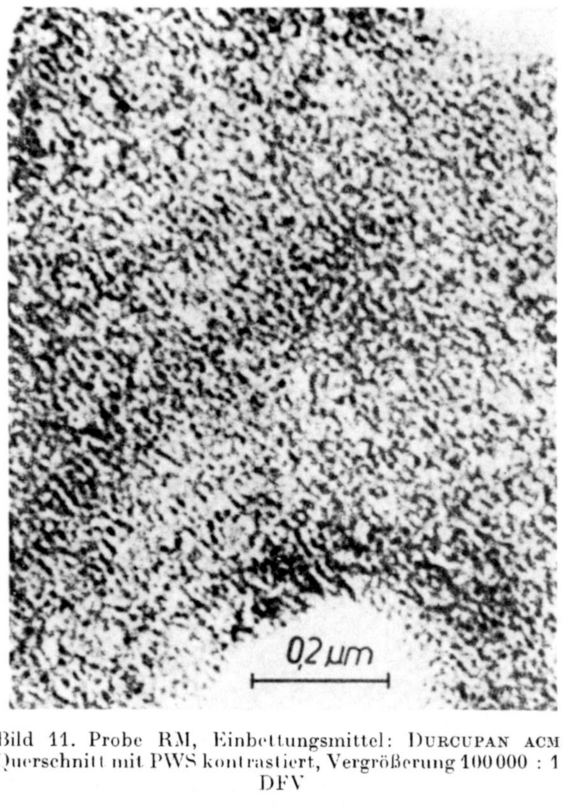

Bild 11. Probe RM, Einbettungsmittel: DURCUPAN ACM, Querschnitt mit PWS kontrastiert, Vergrößerung 100000 : 1, DFV

Vergleich, daß in Bild 7b die Strukturelemente des Cellulosenetzes durch PWS positiv angefärbt wurden. Die gleiche Beobachtung machten wir an Fäden, die in einer Natriumsulfatlösung ersponnen waren.

Diese Koagulationsfäden besitzen eine sehr lockere Netzstruktur [14], und das Einbettungsmittel kann leicht in die Probe eindringen. Für die dichter gepackte Mantelsubstanz mußte deshalb geprüft werden, ob sie in gleicher Weise durch das Einbettungsmittel penetriert und mit PWS positiv angefärbt wird. Wir benutzten dafür die Viskoseseide (Probe W), deren Mantelzone sich mit der Metallbeschattung bereits sicher als Netzwerk von isolierten Strukturelementen nachweisen ließ.

Bild 8 zeigt einen Querschnittsausschnitt. Durch die PWS-Kontrastierung ist die netzartige Morphologie deutlich abgebildet. Der Ultradünnschnitt in Bild 9 zeigt den Übergang vom unversehrten Fadenverband zu abgetrennten Teilen und Einzelpartikeln im Einbettungsmittel. An diesem mechanisch geschädigten Faden kann man erkennen, daß die Cellulosesubstanz dunkel gefärbt wurde und die mit Einbettungsmittel angefüllten Zwischenräume hell erscheinen. Die Breite der Strukturelemente dieses Netzes liegt mit 50 bis 80 Å ca. 10 bis 15 Å unter den Werten des Metallbeschattungspräparates (Bild 3). In dieser Größenordnung ist aber die Schichtdicke der Metallauflage anzunehmen [15], so daß die Abmessungen der Strukturelemente für beide Kontrastierungsverfahren übereinstimmen. Abmessungen von 50 bis 60 Å liegen auch in dem Bereich, der heute für die Breite der Kristallite in Celluloseregeneratfäden angenommen wird [2, 3, 16]. Die Hohlräume im Netzwerk haben dagegen Breiten von 50 bis 150 Å und Längen bis zu 320 Å und weichen stark von diesen Werten ab.

Damit kann geschlußfolgert werden: Die dichtgepackte Mantelsubstanz in Celluloseregeneratfäden, die sich im *primären Gelzustand* befindet, wird durch das Einbettungsmittel penetriert. In diesem Falle ergibt das angewandte Kontrastierungsverfahren eine Positivanfärbung der Cellulosestrukturelemente.

Die Bilder 10 und 11 zeigen Querschnittsausschnitte aus der Mantelsubstanz der Proben R und RM. Sie wurden im primären Gelzustand eingebettet und mit PWS kontrastiert. Die mit der Metallbeschattung nur undeutlich erkennbare Netzwerkmorphologie dieser Proben kann, wie die Bilder beweisen, mit der PWS-Kontrastierung analog der Probe W in netzartig verzweigte Strukturelemente und dazwischenliegende Hohlräume aufgelöst werden. Die dunkel abgebildeten Strukturelemente der Probe R haben Breiten von 30 bis 50 Å und die der Probe RM 60 bis 90 Å. Weitere Daten zur Netzwerkmorphologie dieser Proben sind in Tabelle 2 aufgeführt.

Ein ähnliches Netzwerk beobachteten wir bereits an Gelfäden, die in einer 2 n $ZnSO_4$-Lösung ersponnen und regeneriert waren (Probe G in [14]). Zum Nachweis verwendeten wir hierbei den Absorptionskontrast, der entsteht, wenn sich diese Zink-Cellulosexanthogenatfäden zu Hydratcellulose und ZnS zersetzen. Das ZnS verbleibt in den Hohlräumen des Netzes und färbt diese dunkel an. Der Durchmesser der Hohlräume kann so zu 40 bis 100 Å bestimmt werden. Die Strukturelemente des Cellulosenetzes erscheinen dagegen hell

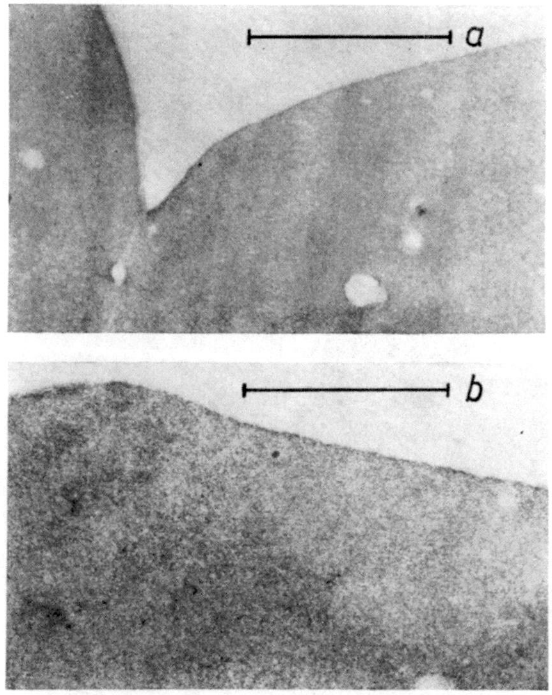

Bild 12. Fadenrand der Proben R und RM
a) Probe R Vergrößerung 30000 : 1
b) Probe RM Vergrößerung 30000 : 1

und sind 40 bis 60 Å breit. Diese Fäden ergeben mit Mantel/Kern-Farbstoffen, ebenso wie die Mantelsubstanz der Proben W, R und RM eine Mantelfärbung. Die Morphologie dieser Probe stellt somit einen von der PWS-Kontrastierung unabhängigen Beweis für die netzartige Anordnung definierter Strukturelemente in der Mantelsubstanz dar.

Bild 12 zeigt den Randbereich der Proben R und RM. Als Fadenbegrenzung ist nur eine ganz dünne zusammenhängende Membran von ca. 100 Å Breite zu erkennen. Das Netzwerk der Mantelzone reicht bis an den Fadenrand. Eine Kutikula als Fadenbegrenzung mit besonderer Struktur kann nicht festgestellt werden.

Celluloseregeneratfäden schrumpfen bei der Trocknung, und das Hohlraumvolumen nimmt stark ab [6, 17]. Mit kleiner werdendem Hohlraumsystem verringert sich aber die Chance für das Einbettungsmittel, die Fäden zu penetrieren. Von getrockneten Fäden ist deswegen auch bekannt, daß sie sich sehr schlecht ultradünn schneiden lassen.

Werden Ultradünnschnitte von *getrockneten Fäden* mit PWS angefärbt, so dringt die PWS auch in die vom Einbettungsmittel nicht penetrierten Hohlräume ein. Da das PWS-Molekül bereits einen Durchmesser von ungefähr 12 Å besitzt [18], würde bei der Anlagerung der PWS an die Strukturelemente der Cellulose mindestens eine ebenso starke Schicht gebildet werden. Bei benachbarten Strukturelementen können dadurch bereits Hohlräume von ca. 25 Å mit PWS angefüllt werden. In diesem Falle schlägt der Positiv-Kontrast in einen Absorptionskontrast um, da die mit PWS angefüllten Hohlräume die Elektronen stärker streuen und deshalb dunkler erscheinen, als die nur mit PWS be-

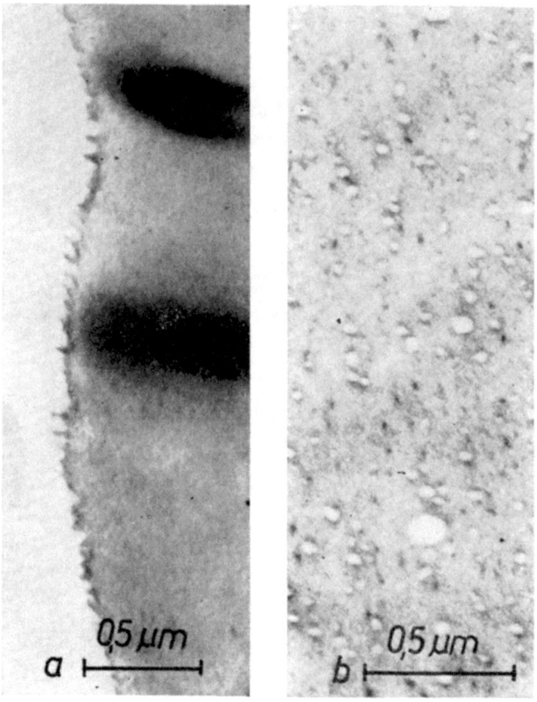

Bild 13. RT 700, Einbettungsmittel: DURCUPAN ACM, Querschnitte mit PWS kontrastiert

a) Randzone mit sägezahnartigen Ausstülpungen, Vergrößerung 37000 : 1

b) Ausschnitt aus dem Fadeninneren mit Hohlräumen von 100 bis 1300 Å Durchmesser, Vergrößerung 45000 : 1

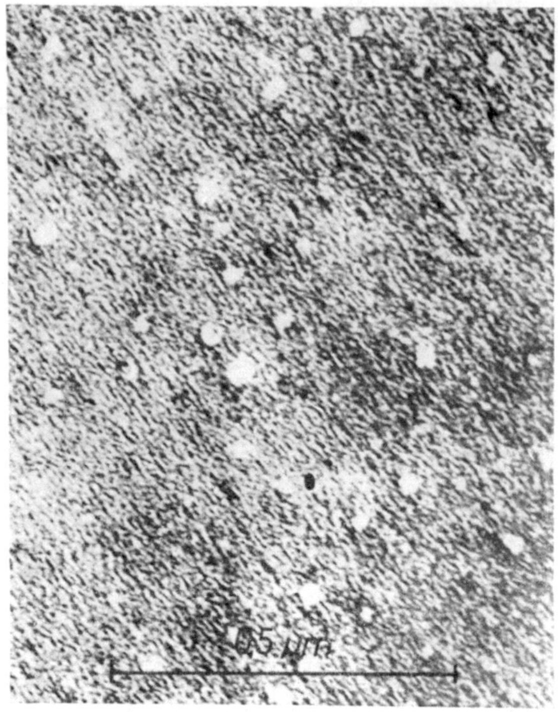

Bild 14. RT 700, Präparation wie in Bild 13, Vergrößerung 100000 : 1, DFV

legten Strukturelemente. Größere Hohlräume dagegen werden nicht mit PWS angefüllt. Es ist leicht zu berechnen, daß sich durch das Eintrocknen einer 2%igen PWS-Lösung in einem kugelförmigen Hohlraum von 50 Å Durchmesser zusätzlich nur eine PWS-Schicht von <1Å an der Oberfläche des Hohlraumes ablagern kann. Bei Ultradünnschnitten getrockneter Fäden, die unterschiedlich große Hohlräume enthalten, wird demzufolge eine Mischung von Positiv- und Absorptionskontrast auftreten, der die Auswertung erschwert.

In den Bildern 13 und 14 sind Querschnittsausschnitte des SUPERCORDS RT 700 zu sehen. Diese Fäden wurden im trockenen Zustand eingebettet. Es ist deshalb nicht bekannt, wie stark das Einbettungsmittel die Fäden penetriert hat und welche Strukturen durch die PWS-Kontrastierung dunkel gefärbt wurden. Die sägezahnartigen Ausstülpungen des Fadenrandes in Bild 13a stellen die aus Oberflächenabdrücken bekannten Strukturen dar. Sie sind in Ultradünnschnitten nur vereinzelt zu beobachten. Ihr gegenseitiger Abstand von 550 bis 750 Å stimmt gut mit dem an der Fadenoberfläche überein [19, 20]. Bild 13b zeigt eine Vielzahl von hell abgebildeten großen Hohlräumen. Sie sind bis auf eine schmale Randzone über den ganzen Fadenquerschnitt verteilt und haben Durchmesser von 100 bis 1300 Å. In Bild 14 sind bei hoher Vergrößerung dunkle und helle Bereiche zu erkennen. Die dunklen Bereiche haben Breiten von 40 bis 70 Å und sind bis zu 100 Å lang. Die hellen Bereiche besitzen Breiten von 20 bis 60 Å und Längen bis zu 150 Å. Helle und dunkle Bereiche durchdringen sich gegenseitig. Aus dieser Anordnung kann trotz der fehlenden Zuordnung entnommen werden, daß auch den technischen Fäden eine netzartige Anordnung der Strukturelemente zugrunde liegt, die Hohlräume enthält.

Die vorliegenden Untersuchungen an den Gelfäden der Proben W, R und RM sowie der Probe G (2 n $ZnSO_4$) haben gezeigt, daß die Mantelsubstanz in Mantel/Kern- und in Vollmantel-Fäden grundsätzlich als kohärentes Netzwerk ausgebildet wird. Die Entstehung des Netzwerkes muß auf die Entmischung während der Koagulation des Viskosesols zurückgeführt werden. Diesen Vorgang haben wir im Teil IV diskutiert [21].

Im Gegensatz zum Kern der Fäden bzw. zu den Koagulationsfäden ist das Netzwerk der Mantelsubstanz sehr engmaschig und wird von relativ einheitlichen Strukturelementen aufgebaut. Sie haben eine Breite von 30 bis 80 Å. Diese Abmessungen liegen in dem Bereich, der für die Breite der Elementarfibrillen bzw. Kristallite der Cellulose diskutiert wird [2, 3, 16]. Ihre Länge kann nicht angegeben werden, da nur die Abstände zwischen den Verknüpfungspunkten des Netzes zu ermitteln sind (siehe Tabelle 2). Diese stellen Maßzahlen für die Netzwerkmorphologie dar, brauchen aber nicht mit der Kristallitlänge übereinzustimmen. Man kann jedoch vermuten, daß die bisher an Celluloseregeneraten bestimmten sehr unterschiedlichen Kristallitlängen mit der Morphologie des jeweiligen Netzwerkes in Verbindung stehen.

Die Morphologie der weitmaschigen Netzwerke wird durch die Koagulationsbedingungen festgelegt [14]. Für die engmaschigen Cellulosenetze der Mantelsubstanz trifft diese Aussage, wie Tabelle 2 beweist, gleichermaßen zu. So unterscheiden sich z. B. die Längen der Strukturelemente zwischen den Verknüpfungspunkten des Netzwerkes sowie die Form und Größe der Hohlräume im Netzwerk zwischen den Proben G, W und R. Die Unterschiede zwischen den Proben RM und R verdeutlichen, daß der Modifikator ebenfalls die Koagulation beeinflußt. Der Vergleich zur Probe G, die nur in einer $ZnSO_4$-Lösung ersponnen war, läßt aber erkennen, daß trotz der sehr unterschiedlichen Spinnbäder der Einfluß des Zinkions auf die Ausbildung der engmaschigen Netzwerkmorphologie dominiert.

Bei der Koagulation entstehen weitgehend unorientierte, räumliche Netzwerke [14], die bei sehr engmaschiger Verknüpfung der Strukturelemente ein selbstarmierendes System darstellen, indem, z. B. während der Trocknung, die Strukturelemente sich gegenseitig abstützen und wesentliche Hohlraumvolumina offenhalten können. Durch Verzug und Recken sind die Geometrie des Netzwerkes sowie der Gehalt und die Größe der darin enthaltenen Hohlräume zu beeinflussen [14]. Mit zunehmender Orientierung vermindern sich deshalb die selbstarmierenden Eigenschaften dieser Netzwerke. Die Anwesenheit von zwischenfibrillaren Hohlräumen im SUPERCORD RT 700 zeigt aber, daß durch Verzug und Recken unter Supercordspinnbedingungen nicht alle Strukturelemente parallelisiert werden können und auch nach der Trocknung Hohlräume offengehalten werden. Unterschiede in der scheinbaren Dichte von Celluloseregeneratfäden sollten deshalb ihre Ursache in der wechselseitigen Beeinflussung der Netzwerkmorphologie durch Koagulation, Verzug, Recken und Trocknung haben.

Zusammenfassend ist zu den Ergebnissen der vorliegenden Veröffentlichungsreihe festzustellen:

Das Konzept eines dreidimensionalen Netzes, wie es aus Deformationsversuchen an Modellfäden von *P. H. Hermans* [22], *Kratky* [23] und *J. J. Hermans* [24] für Celluloseregeneratfäden gefolgert wurde, konnte erstmals anhand von systematischen elektronenmikroskopischen Ultradünnschnittuntersuchungen an Gelfäden bestätigt werden.

Unter der Wirkung verschiedenster, im technischen Viskosespinnprozeß üblicher Spinnbadbestandteile allein und in Kombination miteinander entstehen beim Viskosespinnprozeß grundsätzlich kohärente Netzstrukturen aus definierten Strukturelementen, die ein ebenfalls kohärentes Hohlraumsystem umschließen. Die Netzwerke unterscheiden sich, hervorgerufen durch die Verschiedenartigkeit der Koagulatoren, in den Abmessungen der netzaufbauenden Strukturelemente, dem Grad der Aggregation dieser Strukturelemente und der Verknüpfungshäufigkeit sowohl der Strukturelemente als auch ihrer Aggregate. Diese Merkmale sind als die wichtigsten Kriterien für unorientierte Netzwerke zu betrachten. Durch sie sind auch die Hohlraumgrößen im Netzwerk festgelegt. Damit wird die von *P. H. Hermans* formulierte Ansicht bestätigt, daß die Koagulation der entscheidende Schritt für die Strukturbildung der Celluloseregeneratfäden darstellt.

Für die Entstehung der Netzwerke und der Hohlräume ist die Desolvatisierung der Cellulosexanthogenatmoleküle durch die Koagulatoren verantwortlich. Die Netzwerkmorphologie richtet sich nach Art, Größe und Schnelligkeit der Desolvatisierung und der dadurch möglich werdenden Bildung übermolekularer Aggregate und ihrer Verknüpfung. Sie ist deshalb auch abhängig von der Diffusionsgeschwindigkeit des Koagulators zum Reaktionsort und von der Möglichkeit chemischer Wechselwirkungen zwischen Koagulator und Polymerphase und vom Lösungszustand der Viskose als Ausgangszustand der Koagulation. Die Desolvatisierung führt schließlich zur Phasentrennung zwischen hydratisierter Polymerphase und Dehydratationsflüssigkeit im Submikrobereich, d. h., es kommt zur Entmischung und es entsteht ein kohärenter Gelkörper. Die im Ultradünnschnitt erkennbaren zwischenfibrillaren Hohlraumsysteme sind demnach auf die Ansammlung von Entmischungsflüssigkeit zurückzuführen.

Es wurden grundsätzlich zwei sich stark unterscheidende Netzwerke beobachtet. Grobmaschige Netzwerke, die bei Abwesenheit von Zinksulfat sowohl bei den Koagulationsfäden als auch bei den mit Schwefelsäure erzeugten Fäden entstehen (letztere besitzen zusätzlich eine relativ dichte und stabile Außenmembran), und engmaschige Netzwerke bei Anwesenheit von $ZnSO_4$ im Spinnbad. Die Morphologien beider Netzwerke sind in sich wieder von den spezifischen Koagulationsbedingungen abhängig, so daß Übergänge zwischen ihnen möglich sind. Mantel/Kern-Fäden bestehen aus beiden Netzwerken. Vollmantelfäden, die mit Modifikatoren in der Viskose und Zinksulfat im Spinnbad ersponnen werden, sind nur aus einem engmaschigen Netzwerk aufgebaut.

Die Netzwerke unterliegen während des Viskosespinnprozesses mechanischen Beanspruchungen. Der Verzug ist, da er während der Koagulation wirkt, durch das gegenseitige Abgleiten entstehender Strukturelemente in der Lage, die Netzwerkmorphologie direkt mitzubestimmen [14]. Das Recken des koagulierten Fadens dagegen deformiert im Normalfall nur die primär gebildeten Gelnetze und führt zu einer mehr oder weniger starken Ausrichtung der Strukturelemente in Fadenachse [14]. Beide Prozesse beeinflussen den Hohlraumgehalt der Fäden [14]. Die Schrumpfung der Netzwerke infolge Trocknung und auch osmotische Einflüsse während der Fadenbildung vermindern ebenfalls den Hohlraumgehalt, aber nur soweit, wie es die jeweils vorliegende Netzwerkmorphologie und die z. T. zu erwartende gegenseitige Abstützung der Strukturelemente zuläßt.

Man kann somit die Struktur von Celluloseregeneratfäden als deformiertes Netz von definierten Strukturelementen betrachten, die im trockenen Zustand durch partielle Verhornungen fixiert sind und zwischen denen sich Mikrohohlräume als Reste des kohärenten Hohlraumsystems befinden.

Mit diesem Aufbau unterscheiden sich Celluloseregeneratfäden als typische Vertreter für den Naßspinnprozeß grundsätzlich von den Fäden, die nach dem Schmelzspinnverfahren erzeugt werden.

Die gezeigte Variabilität dieses Bauprinzips kann die große Variationsbreite vieler Parameter der Struktur und der Eigenschaften von Celluloseregeneratfasern und -fäden, wie Dichte, Zugänglichkeit, Quellung, Schrumpfung, Benetzungswärme, Hydrolysebeständigkeit, Mercerisierungsfähigkeit, Anfärbbarkeit, Arbeitsaufnahme usw. erklären und in Zusammenhang zur Fadenbildung bringen. Den Einfluß des Hohlraumgehaltes auf einen Teil dieser Parameter hat *Ruck* bereits anhand von Dichte-Messungen diskutiert [25, 26].

Eine quantitative Analyse der Netzwerkmorphologie und ihres Einflusses auf die Eigenschaften sind aber nur durch die Kombination vieler Untersuchungsmethoden in Verbindung mit textilphysikalischen Untersuchungen möglich. Wie *Haskell* an Cellulosefilmen zeigte, ist für die Auswertung der Einsatz eines Computer notwendig [27]. Voraussetzung für die quantitative Erfassung des Zusammenhangs von Netzwerkmorphologie und Eigenschaften sind aber gesicherte Aussagen über die Feinstruktur der netzaufbauenden Strukturelemente und ihrer Verknüpfungspunkte durch röntgenographische Untersuchungen.

Literatur

[1] *Hermans, P. H.:* Physics and chemistry of cellulose fibers. New York/Amsterdam/London/Brüssel: Elsevier 1949.
Götze, K.: Chemiefasern nach dem Viskoseverfahren. Berlin/Heidelberg/New York: Springer 1967.
Krässig, H.: Characterization of cellulose fibers; in: *Mark, H. F., Atlas, S. M.*, und *Cernia, R.:* Man-Made Fibers. Vol. 2. New York/London/Sydney: Interscience Publ. 1968, S. 121–180.
Šarkov, V. I.: Moderne Vorstellungen über die übermolekulare Struktur der Cellulose. Usp. Chimii (Fortschr. d. Chemie) **36** (1967) 2, S. 312–328.

[2] *Schurz, J.:* Bericht über das Rundgespräch für Cellulosechemiker in Baden-Baden am 26. 6. 1967 über Strukturen in faserigen und flächigen Erzeugnissen der chemischen Cellulose-Industrie. Papier **22** (1968) 5/6, S. 259–279 und 328–338.

[3] *Schurz, J.:* Bericht über das Rundgespräch für Cellulosechemiker zum Thema „Zusammenhänge zwischen Struktur und Eigenschaften von Cellulosehydrat-Produkten" am 23. 6. 1969 in Baden-Baden. Papier **23** (1969) 12, S. 861–889.

[4] *Gröbe, A.*, und *Gensrich, H. J.:* Elektronenmikroskopische Untersuchungen an Ultradünnschnitten von Celluloseregeneratfäden. Teil V: Die Struktur von Mantel-Kern-Fäden. Faserforsch. u. Textiltechnik **21** (1970) 11, S. 470–482.

[5] *Gröbe, A.*, und *Gensrich, H. J.:* Elektronenmikroskopische Untersuchungen an Ultradünnschnitten von Celluloseregeneratfäden. Teil I: Präparationsmethoden. Faserforsch. u. Textiltechnik **20** (1969) 3, S. 118–124.

[6] *Gensrich, H. J.*, und *Gröbe, A.:* Elektronenmikroskopische Untersuchungen an Ultradünnschnitten von Celluloseregeneratfäden. Teil II. Die Struktur von Gelfäden, koaguliert in Ammoniumsulfatlösungen. Faserforsch. u. Textiltechnik **20** (1969) 9, S. 425–433.

[7] *Moor, H., Waldner, H.*, und *Frey-Wyssling, A.:* A new freezing ultramicrotome. J. biophys. biochem. Cytol. **10** (1961) S. 1–13.
Moor, H., und *Muehlethaler, K.:* Fine structure in frozenetched yeast cells. J. Cell. Biol. **17** (1963) S. 609 bis 628.
Moor, H.: Die Gefrierätzung. Balzers Hochvakuum-Fachbericht (1965) 2, S. 1–22.

[8] *Muehlethaler, K.:* Die Feinstruktur der Cellulosemikrofibrille. Beih. Z. Schweiz. Forstverw. **30** (1960) S. 55–65.
Frey-Wyssling, A., Muehlethaler, K., und *Muggli, R.:* Elementarfibrillen als Grundbausteine der nativen Cellulose. Holz Roh- u. Werkstoff **24** (1966) S. 443–444.

[9] *Manley, R. St. J.:* Fine structure of native cellulose microfibrils. Nature, London **204** (1964) S. 1155–1157.

[10] *Dolmetsch, H.:* Elektronenmikroskopische Abgrenzung der Kristallite und der zugänglichen Bereiche minderer Ordnung in Cellulosefasern. Papier **22** (1968) S. 196–197.

[11] *Dolmetsch, H.*, u. *Dolmetsch, H.:* Wachstumsschichten, Kristallite und Vernetzungsmöglichkeiten in natürlichen Cellulosefasern. Melliand Textilber. **48** (1967) S. 1449–1455.

[12] *Dolmetsch, H.*, und *Dolmetsch, H.:* Über die Beziehungen zwischen Kristalliten, Elementarfibrillen und zugänglichen Bereichen in Cellulosefasern, insbesondere in Holzfaserzellwänden. Papier **22** (1968) S. 1–11.

[13] *Pease,* Polysaccharides associated with the exterior surface of epithelial cells: Kidney, intestine, brain. J. Ultrastructure Res. **15** (1966) S. 555–588.

[14] *Gröbe, A.*, und *Gensrich, H. J.:* Elektronenmikroskopische Untersuchungen an Ultradünnschnitten von Celluloseregeneratfäden. Teil III: Die Struktur von Gelfäden unter variierten Fäll- und Spinnbedingungen. Faserforsch. u. Textiltechnik **21** (1970) 2, S. 67–77.

[15] *Müller, H.:* Präparation von technisch-physikalischen Objekten für die elektronenmikroskopische Untersuchung. Leipzig: Akad. Verlagsges. Geest u. Portig 1962, S. 290–296.

[16] *Mark, H.:* Neuere Fortschritte bei Cellulosefasern. Chemiefasern **6** (1965) S. 422–427.
Atlas, S., und *Mark, H.:* Recent progress in cellulosic fibers. Cellulose Chem. Technology, Jassy/Rum. **1** (1967) S. 431–444.

[17] *Gröbe, A., Paul, D., Purz, H.-J., Bartsch, D., Gensrich, H. J., Hicke, H.-G., Ludwig, J.*, und *Buschatz, H.:* Strukturuntersuchungen an Zelluloseregeneratfasern. Lenzinger Ber., Lenzing/Österr. **28** (1969) S. 31–43.

[18] *Keggin, J. F.:* Structure of the molecule of 12-phosphotungstic acid. Nature, London **131** (1933) S. 908–909.
Signer, R., und *Gross, H.:* Über den Bau einiger Heteropolysäuren. Helv. chim. Acta **17** (1934) S. 1076–1080. siehe auch:
Baker, M. C., Lyons, P. A., und *Singer, S. J.:* Velocity ultracentrifugation and diffusion of silicotungstic Acid. J. amer. Chem. Soc. **77** (1955) S. 2011–2012.
Van Wazer, J. R.: Phosphorus and its Compounds, Vol. 1. New York: Wiley/Interscience 1958.

[19] *Kiessig, H.:* Struktur von Chemiefasern; in: [2] S. 261 bis 266.

[20] *Maron, R., Gröbe, A.*, und *Klare, H.:* Untersuchungen über Zusammenhänge zwischen Spinntechnologie und Struktur von Celluloseregeneratfäden. Melliand Textilber. **46** (1965) S. 1067–1070.

[21] *Gensrich, H. J.*, und *Gröbe, A.:* Elektronenmikroskopische Untersuchungen an Ultradünnschnitten von Celluloseregeneratfäden. Teil IV. Die Struktur von Gelfäden, ersponnen in Lösungen aus Schwefelsäure und Natriumsulfat. Faserforsch. u. Textiltechnik **21** (1970) 4, S. 163–172.

[22] *Hermans, P. H.*, und *de Booys, J.:* Beiträge zur Kenntnis des Deformationsmechanismus und der Feinstruktur der Hydratzellulose. Kolloid-Z. **88** (1939) S. 75–78.
Hermans, P. H., Physics and Chemistry of Cellulose Fibers. New York/Amsterdam/London/Brüssel: Elsevier 1949.

[23] *Kratky, O.:* Zum Deformationsmechanismus der Faserstoffe. Kolloid-Z. **64** (1933) S. 213–222.
Kratky, O.: Über den mizellaren Aufbau und die Deformationsvorgänge bei Faserstoffen. Kolloid-Z. **84** (1938) S. 149–168.
Kratky, O., und *Platzek, P.:* Zum Deformationsmechanismus der Faserstoffe. Kolloid-Z. **84** (1938) S. 268 bis bis 275.

[24] *Hermans, J. J.:* Flow properties of disperse systems. New York: Interscience 1953, S. 108ff.

[25] *Ruck, H.:* Zur Dichtebestimmung der Cellulose. Papier **21** (1967) S. 697–713.

[26] *Ruck, H.:* Über Dichtemessungen und deren Interpretation (Zusammenhänge zwischen textilen Parametern und der Feinstruktur cellulosischer Regeneratfäden unter besonderer Berücksichtigung des Hohlraumanteils); in: [3]), S. 872–877.

[27] *Haskell, V. C.:* Simulation of the gel structure of regenerated cellulose film. J. Polymer Sci., C: Polymer Symposia **28** (1969) S. 289–303.

[28] *Lau, E.*, und *Hicke, H.-G.:* Bild u. Ton, in Vorbereitung.
Lau, E., und *Kleide, H. G.:* Anwendung des Detail-Filterverfahrens für wissenschaftliche Probleme. Bild u. Ton **20** (1967) S. 258–262;
Lau, E.: Kontrastübertragungsfunktion und das photochemische Detailfilterverfahren. Bild u. Ton **21** (1968) S. 66–69.
s. a. Bild u. Ton **22** (1969) S. 196–200 und S. 322–326.

Eingegangen am 9. Oktober 1970

Über die Synthese des 3-Aceto-2-Mercuriacetopropylderivats der Cellulose

Anna Piklerová, Alexander Pikler und *Mikuláš Pašteka*

Lehrstuhl für Chemiefasern der Chemisch-Technologischen Fakultät der Slowakischen Technischen Hochschule und Chemisches Institut der Slowakischen Akademie der Wissenschaften, Bratislava, ČSSR

DK 547.458.82:66.062.24:543.422.4

Die Herstellung des Aceto-2-Mercuriacetopropylderivates der Cellulose durch die Addition des Mercuriacetats an die Doppelbindungen der Allylcellulose wurde studiert. Die besten Ergebnisse der Reaktion wurden in Benzol als Reaktionsmedium im Laufe von 2 h und bei 80 °C erreicht. Das entstandene Derivat der Cellulose wurde mittels chemischer sowie physikalisch-chemischer Methoden (IR-Spektrophotometrie) indentifiziert.

К синтезу 3-ацето-2-меркуриацетопропилового производного целлюлозы

Изучалось получение ацето-2-мекрурияцетопропилового производного целлюлозы путем присоединения ацетата двухвалентной ртути к двойным связам аллилцеллюлозы. Наилучшие результаты были достигнуты при 80°C, продолжительности реакции 2 часа и применении бензола в качестве растворителя. Полученное производное целлюлозы было идентифицировано при помощи химических и физико-химических методов (ИК-спектрофотометрии).

The Synthesis of the 3-Aceto-2-mercuriacetopropyl Derivative of Cellulose

The preparation of the aceto-2-mercuriacetopropyl derivative of cellulose by addition of mercuriacetate to the double bond of allyl cellulose has been investigated. The most advantageous results of the reaction were obtained by using benzene as solvent at 80°C and a reaction time of 2 h. The derivative obtained was identified by chemical and physico-chemical (IR-spectroscopy) methods.

Auf dem Gebiet der Cellulosechemie wird große Aufmerksamkeit der Synthese jener Derivate der Cellulose gewidmet, die auch weitere Möglichkeiten einer Modifikation ihrer Eigenschaften bieten. Unter diese Derivate kann auch die Allylcellulose, bei der die Modifikation infolge der Anwesenheit der Doppelbindungen in Allylsubstituenten möglich ist, eingereiht werden.

Diese Doppelbindungen kann man sowohl zu Radikalals auch zu Ionenadditionsreaktionen ausnützen. Es gibt viele Verbindungen, wie z. B. olefinische Monomere, Phosphor-, Jod-, Quecksilber- und andere Atome enthaltende Moleküle, die zu den erwähnten Reaktionstypen verwendet werden können. Die Radikaladdition von olefinischen Monomeren an die Doppelbindung und die nachfolgende Polymerisation deren Monomere ermöglicht die Bildung der Seitenketten an der Grundmakromolekülen der Allylcellulose. Die Anwesenheit der oben erwähnten Atome bzw. Atomgruppen kann eine merkbare Veränderung der chemischen sowie auch der physikalischen Eigenschaften der ursprünglichen Allylcellulose verursachen. Physikalisch-chemische strukturelle Veränderungen führen in starkem Maße zur Verbesserung der Nutzeigenschaften von Grundpolymeren.

Dem Studium der Additionsreaktionen an Allylcellulosemolekülen wurden bisher nur wenige Arbeiten gewidmet [1, 2, 3]. Gewisse Aufmerksamkeit verdienen jene dieser Untersuchungen, die die Addition von Sauerstoff an Allylcellulose behandeln. Im Hinblick auf die weiteren Modifikationsmöglichkeiten der Cellulose kann eine größere Bedeutung den Arbeiten über die Addition der Vinylmonomeren an die Allylcellulose und ihrer nachfolgenden Polymerisation als Seitenketten [4, 5, 6] zugeschrieben werden. Bemerkenswert ist daneben auch die Arbeit von *Šapošnikov* u. Mitarb. [7] über die Bindung von Quecksilber an die Zimtsäure- und Ölsäureester der Cellulose.

Zum Studium des Ionenmechanismus der Additionsreaktionen an die Doppelbindung der Allylcellulose haben wir in vorliegender Arbeit die Interaktion der Allylcellulose mit Mercuriacetat untersucht.

2. *Experimenteller Teil*

Die zu unseren Versuchen verwendete Allylcellulose mit dem Substitutionsgrad 1,5 wurde in unseren Laboratorien durch Reaktion von Alkalicellulose mit Allylbromid hergestellt.

Die Addition des Mercuriacetats an die Allylcellulose wurde im Kolben unter Rückflußkühler durchgeführt.

Der Gehalt an Quecksilber in einzelnen Proben wurde nach dem Spülen und Vorcarbonisierung in der Schwefelsäure [8] titrimetrisch mit Ammoniumrhodanid bestimmt. Die Abnahme der Doppelbindungen der Allylcellulose während der Reaktion wurde mittels der *Lucas/Pressman*-Methode [9] sowie auch IR-spektrophotometrisch verfolgt und kontrolliert.

2.2. Arbeitsbedingungen und Ergebnisse

Im Rahmen der Untersuchung der erwähnten Additionsreaktion wurden vier variable Reaktionsfaktoren:
1. Reaktionsmedium (Quellungsmittel),
2. molares Verhältnis der Allylcellulose zum Reaktionsagens,
3. Reaktionstemperatur (10 bis 80 °C) und
4. Reaktionszeit (bis 14 h)

berücksichtigt und deren Einfluß auf den Substitutionsgrad untersucht.

2.2.1. Reaktionsmedium

In unseren Versuchen wurden als Reaktionsmedien Wasser, Methanol, Tetrachlormethan und Benzol verwendet, wobei die anderen Reaktionsbedingungen kon-

Tabelle 1. Einfluß des Reaktionsmediums auf die Addition von Mercuriacetat an Allylcellulose

Reaktionsmedium	mol Hg/mol Allylcellulose × 10^2
Tetrachlormethan	13,75
Wasser	20,75
Methanol	27,55
Benzol	27,74

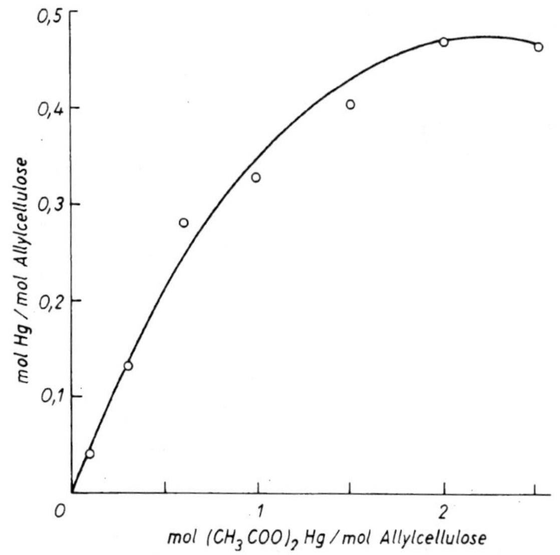

Bild 1. Menge addierten Quecksilbers in Abhängigkeit von dem molaren Verhältnis des Mercuriacetats zu der Allylcellulose

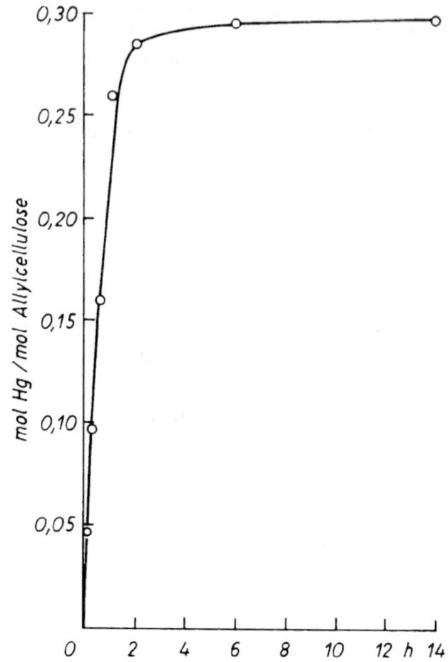

Bild 2. Kinetik der Addition des Mercuriacetats an die Allylcellulose

stant gehalten wurden; molares Verhältnis der Allylcellulose zum Mercuriacetat 1 : 0,6, Reaktionszeit 120 min und Temperatur 80 °C.

Ergebnisse dieser die Menge des addierten Mercuriacetats angebenden Versuchs sind in Tabelle 1 zusammengestellt.

2.2.2. Molares Verhältnis der Reagenzien

Einfluß des molaren Verhältnisses der Reagenzien wurde bei 80 °C 120 min in Benzol untersucht. In dieser Versuchsserie betrugen die Verhältnisse der Allylcellulose zum Mercuriacetat 1 : 0,1; 1 : 0,3; 1 : 0,6; 1 : 1; 1 : 1,5; 1 : 2; und 1 : 2,5 mol.

Die Ergebnisse dieser Versuche sind in Bild 1 dargestellt.

2.2.3. Reaktionstemperatur

Die Ergebnisse der Addition des Mercuriacetats an die Allylcellulose in Abhängigkeit von der Temperatur im Bereich von 10 bis 80 °C sind in Tabelle 2 zusammengestellt. Diese Versuche wurden in Benzol 120 min beim Molverhältnis Allylcellulose : Mercuriacetat 1 : 0,6 durchgeführt.

Tabelle 2. Menge des addierten Mercuriacetats an die Allylcellulose bei verschiedenen Reaktionstemperaturen

Temperatur °C	mol Hg/ mol Allylcellulose
10	0,030
20	0,040
40	0,041
60	0,048
80	0,287

2.2.4. Reaktionszeit

Der Zeitverlauf der Addition des Mercuriacetats an Allylcellulose wurde in Benzol bei 80 °C und beim Molverhältnis Allylcellulose : Mercuriacetat 1 : 0,6 durchgeführt; er ist in Bild 2 dargestellt.

3. Diskussion

Benzol als Reaktionsmedium bzw. als Quellungsmittel für Allylcellulose schien das wirksamste Medium für die erwähnten Additionsreaktionen zu sein. Dies wurde der beträchtlichen Quellung der Allylcellulose im Benzolmedium zugeschrieben, so daß der Zugang des Additionsagens zu den Reaktionszentren erheblich erhöht wurde. Unter die bedeutsamsten Variablen, die die Menge des addierten Quecksilbers an Allylcellulose beeinflussen, gehört auch das Molverhältnis der Reaktionskomponenten. Die Versuche haben eindeutig gezeigt, daß die maximale Addition beim Verhältnis 1 mol Allylcellulose und 2 mol Mercuriacetat erreicht wurde (Bild 1). Weitere Konzentrationserhöhung des Mercuriacetats im Reaktionssystem beeinflußt die Erhöhung der Addition nicht, was mit einer erniedrigten Penetration dieses Reagens zu den Alkylgruppen in Zusammenhang gegeben wird.

Aus der Tabelle 2 ergibt sich, daß die Addition des Mercuriacetats zur Allylcellulose im großen Maße von der Reaktionstemperatur abhängig ist und daß die maximale Addition beim Siedepunkt des Reaktionsmediums erreicht wird.

Aus unseren Versuchen ergab sich, daß die Additionsreaktion im Laufe von 120 min unter den angegebenen Bedingungen beendet wird.

Bei Molverhältnissen Allylcellulose : Mercuriacetat höher als 1 : 0,6 ist die Reaktionsgeschwindigkeit sehr hoch.

Zur Bestätigung der Quecksilberaddition an Allylcellulose wurde, außer der chemischen Methode, auch die IR-Spektrophotometrie verwendet (Bild 3).

Das Spektrum weist auf einzelne Allylcelluloseproben mit verschiedenem Quecksilbergehalt nach der Addition von Mercuriacetat hin. Aus der Analyse dieser Spektren geht hervor, daß mit steigender Menge des addierten Mercuriacetats eindeutig die den Doppelbildungen entsprechenden Absorptionsbände im Bereich von 930 cm^{-1} und 3100 cm^{-1} sinken. Bei der Wellenlänge 1640 cm^{-1} wurden auch Änderungen der Absorptionsbande, entsprechend der Abnahme der Doppelbindungen, beobachtet. Im Bereich von 1240 cm^{-1} entstand eine neue Absorptionsbande, die den Acetylgruppen zugeschrieben werden konnte, deren Gehalt mit fortschreitender Addition immer größer wurde. Im Bereich 1745 cm^{-1} wurde die Entstehung einer neuen Absorptionsbande beobachtet, die den Carboxylgruppen zugeschrieben wurde.

Es wurde gefunden, daß das infolge der Addition des Mercuriacetats an Allylcellulose entstandene Produkt in den Lösungsmitteln, in denen die Allylcellulose teilweise löslich ist oder quillt (Benzol, niedrige Alkohole, Alkohol/Benzol-Gemisch, Aceton), unlösbar ist.

Gemäß den theoretischen Prinzipien der Ionenaddition an die Doppelbindungen nehmen wir an, daß die Interaktion der Allylcellulose mit Mercuriacetat nach folgendem Mechanismus verläuft:

$$\text{cel}-O-CH_2-CH=CH_2 \xrightarrow[\text{Benzol}]{(CH_3COO)_2Hg}$$

$$\text{cel}-O-CH_2-\underset{\displaystyle |}{\overset{\displaystyle Hg^{(+)}}{C}}H-CH_2^{(+)} \xrightarrow{2CH_3COO^{(-)}}$$

$$\text{cel}-O-CH_2-\overset{\displaystyle HgOCOCH_3}{\overset{|}{C}}H-CH_2-OCOCH_3.$$

Wie bekannt, besitzen die zweiwertigen Quecksilberionen eine außerordentliche Fähigkeit, sich an die Atome, die ein freies Elektronenpaar enthalten, durch kovalente Bindung fest zu binden [10]. Dadurch hat auch das Hg(II)-Kation die Neigung, ein Elektronenpaar in seine Elektronensphäre anzunehmen.

Auf Grund dieser Elektronenstruktur kann die Addition des Hg(II)-Kations an die Doppelbindungen der ungesättigten Verbindungen vor sich gehen.

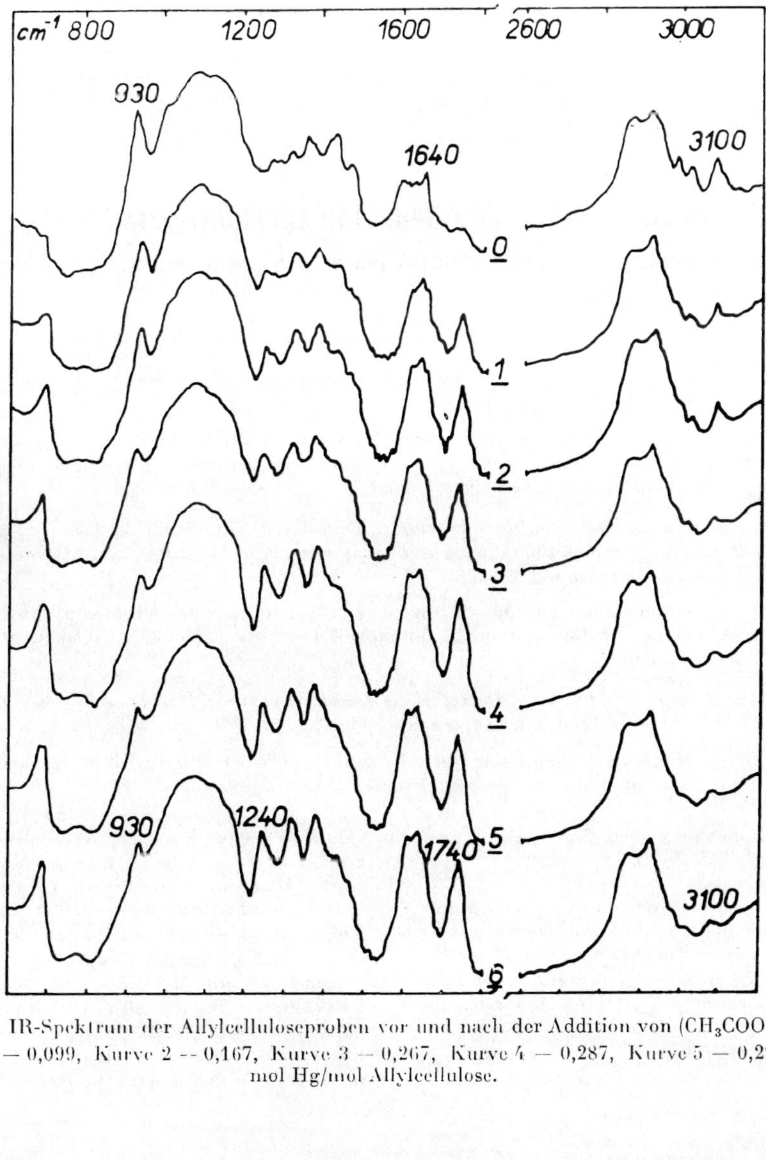

Bild 3. IR-Spektrum der Allylcelluloseproben vor und nach der Addition von $(CH_3COO)_2Hg$
Kurve 0 — 0, Kurve 1 — 0,099, Kurve 2 — 0,167, Kurve 3 — 0,267, Kurve 4 — 0,287, Kurve 5 — 0,295, Kurve 6 — 0,305 mol Hg/mol Allylcellulose.

Die Tatsache, daß am besten Salze jener Säuren addiert werden, deren Anionen die geringste Tendenz zur Bildung der Metallkomplexe aufweisen (Quecksilbersalze der O-Säuren, z. B. Mercuriacetat), ist ein Beweis dafür, daß bei diesen Additionen allein das Hg(II)-Kation addiert wird.

Durch diese Additionsreaktion haben wir das Cellulosederivat 3-Aceto-2-mercuriacetato-propylcellulose erhalten.

Zusammenfassung

Infolge der beträchtlichen Quellung der Allylcellulose in Benzol schien dieses das wirksamste Medium für die Addition des Mercuriacetats an Allylcellulose zu sein. Maximale Addition des Quecksilbers wurde beim Siedepunkt des Benzols und beim Molverhältnis von Allylcellulose zum Mercuriacetat 1:2 erreicht. Unter diesen angegebenen Bedingungen wird die Additionsreaktion im Laufe von 120 min beendet.

Die Ionenaddition des Mercuriacetats an die Doppelbindungen der Allylcellulose wurde der außerordentlichen Fähigkeit der zweiwertigen Quecksilberionen, sich an die Atome mit dem freien Elektronenpaar durch kovalente Bindung zu binden, zugeschrieben.

Durch die IR-Spektrophotometrie wurde eindeutig ermittelt, daß nach der Addition von Mercuriacetat die Absorptionsbande, die den Doppelbindungen der Allylcellulose zugeordnet sind (930, 1640 and 3100 cm^{-1}), schwächer werden. Gleichzeitig entstanden neue Absorptionsbanden, die den Acetyl- sowie Carboxylgruppen der 3-Aceto-2-mercuriacetopropylcellulose zugeschrieben werden konnten.

Literatur

[1] *Danilov, S. N.*, und *Koz'mina, O. P.:* Der dreidimensionale Aufbau von Molekülen. II. Oxydationspolymerisation der Allylcellulose. Ž. obšč. Chimii (Z. allgem. Chemie) **18** (1958) S. 549—550.

[2] *Koz'mina, O. P.*, *Prosvirjakova, É. P.*, und *Kallistov, O. V.:* Synthese und oxydative Umwandlungen von Allylcellulose. Vysokomol. Soed. (Hochmol. Verbind.) **7** (1965) 10, S. 1701—1706.

[3] *Koz'mina, O. P.:* Zum Mechanismus der Oxydation von Cellulosederivaten durch Sauerstoff. Izv. Akad. Nauk SSSR, Otd. chim. Nauk (Nachr. Akad. Wissen. UdSSR, Abt. chem. Wiss.) (1961) 12, S. 2226—2233.

[4] *Tonami, H.:* Studies of the polymerisation of acrylic esters in cellulose fibers. I. Polymerisation of methylacrylate in allylated cellulosic fibers. Sen-i Gakkaishi (J. Soc. Fiber Sci. Technol. Japan) **14** (1958) S. 100 bis 105.

[5] *Wilham, C. A., McGuire, T. A., Rudolphi, A. S.*, und *Mehltretter, C. L.:* Polymerisation studies with allyl starch. J. appl. Polymer Sci. **7** (1963) 4, S. 1403—1410.

[6] *Guzman, C. M.*, und *Riande, E.:* Graft copolymers on the allylcellulose. Preprints sci. Papers IUPAC, Internat. Symp. Macromol. Chemistry, Tokyo 1966.

[7] *Šapošnikova, S. T., Joanidis, O. K., Ajchodžajev, B. V.*, und *Pogosov, Ju. L.:* Mercurierung der Zinnamaten und Oleaten der Cellulose. Vysokomol. Soed. (Hochmol. Verbind.) **7** (1965) 8, S. 1314—1318.

[8] *Tomiček, O.:* Quantitative Analyse (tschech.). Prag: SZN 1954, S. 229.

[9] *Jureček, M.:* Organische Analyse (tschech.). Prag: SNTL 1957, S. 238.

[10] *Wichterle, O.:* Organische Chemie (tschech.). Prag: NČSAV 1955, S. 648.

Eingegangen am 5. Oktober 1970

Modifizierungsreaktionen an Polyamidfäden. Eine Literaturübersicht

Teil II: Pfropfcopolymerisationen mit Acrylsäure, Acrylsäurederivaten und weiteren ungesättigten organischen Verbindungen[1]

Günter Bouillon

Deutsche Akademie der Wissenschaften zu Berlin, Institut für Faserstoff-Forschung in Teltow-Seehof, Abt. Polykondensatfaserstoffe

DK 677.494.675:677.862.25:547.391.1:019.9

Zeitschriften- und Patentveröffentlichungen über die chemische Modifizierung von Polyamidfäden durch Pfropfcopolymerisationsreaktionen mit Acrylsäure, Acrylsäurederivaten und weiteren ungesättigten organischen Verbindungen werden bis zum Stand von 1969 erörtert.

Реакции модифицирования полиамидных нитей. Обзор литературных данных
Часть II: Реакции привитой сополимеризации с акриловой кислотой, ее производными и другими ненасыщенными ограническими соединениями

Приведены опубликованные до 1969 г. литературные и патентные данные о химической модификации полиамидных волокон путем прививки акриловой кислоты, ее производных и других ненасыщенных органических соединений.

Modifications of Polyamide Fibres. A Literature Review. Part II. Graft Copolymerisation with Acrylic Acid, Acrylic Acid Derivatives and other Insaturated Organic Compounds

The chemical modification of polyamide fibres by graft copolymerisation with acrylic acid, acrylic acid derivatives and other insaturated organic compounds as described in journals and patents up to 1969 is discussed.

4. *Pfropfcopolymerisation mit Acrylsäure oder Acrylsäureestern*

Acrylsäure wurde sowohl durch Kettenübertragungsreaktionen [66 bis 70] und thermooxydative Initiierung [18, 22, 25, 71] als auch auf strahlenchemischem Wege [44, 59, 60, 62, 72 bis 79] auf Polyamide gepfropft. *Haworth* und *Holker* [66] setzten als Initiator Cer-(III)-ammoniumsulfat oder -nitrat ein. Sie stellten fest, daß die Pfropfrate mit steigender Monomerenkonzentration ein Maximum durchläuft, dessen Höhe im wesentlichen von der Initiator/Lösungsmittel- (verdünnte Mineralsäuren)-Zusammensetzung abhängig ist. So ist bei Verwendung von verdünnter Schwefelsäure eine Zunahme der Pfropfung im Konzentrationsbereich zwischen 0,3 und 1,1 N zu verzeichnen. Bei Einsatz von Polycaprolactamfäden (0,17 tex) konnten nach 5 h Reaktionsdauer bei 25 °C 21% Acrylsäure aufgepfropft werden. Ein bemerkenswertes Verfahren zur strahlenchemisch initiierten Pfropfung von Acrylsäure auf Polyamid-6.6-gewebe

[1]) Teil I. s. *Bouillon, G.:* Faserforsch. u. Textiltechnik **21** (1970) 8, S. 348—355.

wird von *Hargreaves* [75] beschrieben. Dabei wird mit γ-Strahlung einer ^{60}Co-Quelle nur das Vinylmonomere bestrahlt, wodurch die Herstellung des Pfropfcopolymeren ohne die sonst üblichen strahlungsbedingten Abbauerscheinungen des Rückgratpolymeren möglich sein soll. Kinetische Untersuchungen ergaben, daß die Sorptionsgeschwindigkeit des Monomeren (aus der Dampfphase) bei Temperaturerhöhung von 20 auf 60 °C von 13 auf 6% abfällt, da sich mit fortschreitender Pfropfung die Durchlässigkeit der verwendeten KAPRON-Fäden laufend vermindert. Der Pfropfgrad steigt im gleichen Bereich von 3,2 auf 4,8% entsprechend an [76, 77]. Aus elektronenmikroskopischen Aufnahmen [74], der Löslichkeitscharakteristik [66] und anderen Untersuchungen (22, 76] wird weitgehend auf eine Oberflächenmodifizierung geschlossen. *Magat* u. a. [72] postulierten dagegen eine Pfropfung in der gesamten Masse des Ausgangspolymeren, wobei die Acrylsäure zur Ausbildung langer Pfropfketten neigen soll.

Die erzielten Eigenschaftsveränderungen erbrachten bei Verwendung von Acrylsäure als Cokomponente die wohl gravierendsten Resultate für Vinylmonomere.

Neben einer erhöhten Formbeständigkeit [44, 60, 78] und verbesserter Adhäsion gegenüber Gummi [18] wird die Möglichkeit beschrieben, mit Acrylsäure pfropfcopolymerisierte KAPRON-Fasern im Gemisch mit Baumwollfäden zu Ionenaustauscherpapieren zu verarbeiten [72]. Auch zur Erzeugung von Kreppungs- und Plissierungseffekten ist das Verfahren verwendbar [60, 78]. *Koršak* u. Mitarb. [71], die KAPRON-Fäden bei 80 bis 120 °C in Luft erhitzten und anschließend aus der flüssigen Phase mit Acrylsäure pfropften, stellten eine Abnahme der Reißfestigkeit auf 64,3 bis 25,7% der ursprünglichen Festigkeit fest. Ein Erhitzen der modifizierten Materialien für 100 h auf 150 °C ließ diesen Wert gar auf 18,1 bis 2,9% abfallen.

Andersartige Ergebnisse erzielten *Magat* u. a. [72]. Bei diesen strahlenchemisch verlaufenden Verfahren wurden die Reißlänge und Dehnung nur wenig beeinflußt, der Elastizitätsmodul stieg dagegen beträchtlich an. Eine 30- bis 50%ige Zunahme des *E*-Moduls wird auch in [44] beschrieben.

Von erheblicher Bedeutung ist die Fähigkeit der Polyamid/Acrylsäure-Pfropfcopolymeren, Alkali-, Erdalkali- und Schwermetallsalze zu bilden, womit gleichzeitig eine wesentliche Veränderung wichtiger Eigenschaften korreliert. Bei Überführung in das Na- oder Ca-Salz werden neben einer guten Naßknitterfestigkeit [72, 79] hohe Werte bezüglich der Hydrophilie des modifizierten Materials erreicht, die denen der Baumwolle und Wolle vergleichbar sind oder diese sogar übertreffen. Ein mit 22% Natriumacrylat gepfropftes Polyamid-6.6-Gewebe nimmt bei 65% rel. Feuchte ca. 10% (Baumwolle ca. 8%, Wolle 14%) und bei 95% rel. Feuchte ca. 45% (Wolle ca. 24%) Wasser auf. Die entsprechenden Werte nach Pfropfung mit Calciumacrylat belaufen sich auf ca. 7 bzw. 15% [72, 79].

Der Schmelzpunkt, der bei Pfropfung mit Acrylsäure unverändert bleibt, steigt nach Überführung in das Na- oder Ca-Salz auf Werte bis über 400 °C an, was auf die Ausbildung eines dichten Pfropfnetzwerkes mit unschmelzbaren anorganischen Anteilen zurückgeführt wird. Auch die Gefahr des Einbrennens von Löchern („hole melting") besteht bei Temperaturen unterhalb 600°C faktisch nicht mehr [72, 79]. Ähnliche Resultate, einschließlich Angaben über eine Verbesserung der antistatischen Eigenschaften, finden sich in [25, 59, 70].

Hinsichtlich der Festigkeit ermittelten *Koršak* u. a. [71] nach Überführung der KAPRON/Acrylsäure-Pfopfcopolymeren in die entsprechenden Cd-, Zn-, Mg-, Mn- oder Cu-Salze einen Anstieg der Werte; selbst nach Erhitzen der Proben für 100 h auf 150 °C verblieben noch 84 bis 90% der Ausgangsfestigkeit; der E-Modul stieg nach Pfropfung mit Ca-Acrylat an, fiel jedoch nach Modifizierung des Polyamids mit Na-Acrylat [72]. Interessant ist auch, daß Cellulose, die mit Calciumacrylat copolymerisiert wurde, blutstillende Wirkung zeigt und Verbandmull auf dieser Basis industriell hergestellt wird [80].

Abschließend seien zwei Patentschriften [68, 69] erwähnt, in denen die Umsetzung von Polyamid-6.6-Geweben mit einem Malein/Acrylsäure-Gemisch durch Kettenübertragungsreaktion beschrieben wird. Das Pfropfcopolymere besitzt eine erhöhte Benetzbarkeit und Saugfähigkeit sowie einen verbesserten „Griff".

Verschiedentlich wurden auch Acrylsäureester zur Pfropfcopolymerisation mit Polyamiden herangezogen. Neben Methylacrylat [22, 37 bis 39, 64, 81] wurden ebenso Äthylacrylat [37, 81, 82], Butylacrylat [83] (Pfropfgrad bis 43%) und Allylacrylat [44] eingesetzt. Leider finden sich kaum Angaben über die dabei erzielten Eigenschaftsveränderungen. Lediglich *Shinohara* und *Mukoyama* [37], die Polyamid-6.6-fäden (1,67 tex) unter Anwendung der Vorbestrahlungstechnik mit Methyl- oder Äthylacrylat modifizierten, ermittelten eine zunehmende Dehnung bei kaum veränderter Festigkeit, aber verschlechtertem *Young*- und Torsionsmodul des Pfropfcopolymeren.

5. *Pfropfcopolymerisation mit Methacrylsäure oder Methacrylsäureestern*

Über die Pfropfcopolymerisation von Polyamiden mit Methacrylsäure wird in [18, 22, 57, 67, 70, 71, 84 bis 88] berichtet.

Bezüglich der Verfahren und Einflußparameter wurden folgende speziellen Feststellungen gemacht: Eine wirksame Pfropfung mit Methacrylsäure unter strahlenchemischer Initiierung ist nur im pH-Bereich < 4 und zwischen 7 und 9 möglich [85]. Bei durch Kettenübertragung verlaufenden Umsetzungen verringert ein Zusatz von Fe^{2+}-Ionen die Homopolymerisation des Polymeren [87]. Die Monomerenkonzentration darf 5% in der wäßrigen Pfropflösung nicht übersteigen, um den Pfropfgrad auf maximal 30% zu begrenzen. Anderenfalls zerfallen die modifizierten Polycaprolactamfäden bei anschließender Überführung der aufgepfropften Methacrylsäure in das Natriumsalz [88].

Neben einer Erhöhung des Elastizitätsmoduls [84], der Thermostabilität [35] (nach Überführung in das entsprechende Cu-Salz) [22, 71] und der Haftfestigkeit gegenüber Gummi [18] werden eine verminderte elektrostatische Aufladung (besonders in Form des Na-Salzes [86, 87]), eine geringere Löslichkeit in den für Polyamide üblichen Solventien [86] und Ionenaustauschereigenschaften [87] beschrieben. Ferner treten in Abhängigkeit von der Höhe des Pfropfungsgrades Schrumpfungserscheinungen und Reißfestigkeitsverluste (bis auf 23%) der behandelten Polycaprolactamfäden (6,67 tex) auf [87]. Die wichtigste Eigenschaftsveränderung besteht in einer erhöhten Hydrophilie und Saugfähigkeit der mit Natriummethacrylat gepfropften Polyamide [84, 87, 88]. So besitzt ein unbehandeltes Polycaprolactamgewebe nur 8% Saugfähigkeit, nach Pfropfung mit 15% Na-Methacrylat werden Saugfähigkeitswerte wie für Baumwolle erhalten, nach 32%iger Pfropfung sogar 80% erreicht [88].

Häufig war die Umsetzung von Polyamiden mit Methacrylsäureestern Gegenstand von Untersuchungen. Unter Anwendung der üblichen Initiierungsverfahren wurden dabei neben Methylmethacrylat [14, 16, 25, 30, 32, 33, 35 bis 38, 43, 49, 50, 57, 89) auch wenig gebräuchliche Derivate wie Butylmethacrylat [43], tert-Butylaminoäthylmethacrylat]38c], Methyl-dodecaoxyäthylen-methacrylat [25], Methyldecaoxyäthylenmethacrylat [93], Polyäthylenglycolmethacrylat [90], Dimethylaminomethylmethacrylat [91] und Glycolmethacrylat [92] eingesetzt.

Interessante verfahrenstechnische Aspekte finden sich in zwei Arbeiten [49, 57]. *Davies* [49] wendete unter Benutzung einer ^{60}Co-Quelle die Simultanbestrahlungstechnik auf Polyamid-6.6-Gewebe oder -Geweberollen an und pfropfte das

Monomere aus einer Lösung von 20% Methylmethacrylat, 10% Wasser und 70% Aceton. Der erreichte Pfropfgrad hing bei vorgegebener Strahlendosis in starkem Maße von der Temperatur ab, bei der das Rückgratpolymere mit der substituierten Vinylverbindung getränkt wurde (20% Pfropfgrad bei 20°C, 190% Pfropfgrad bei 50°C). *Bamford* u. Mitarb. [57] erarbeiteten eine völlig neue Pfropftechnik. Die Einwirkung von Methylmethacrylat auf vorher halogenierte Polyamid-6.6- und -6.10-Monofile sowie Polycaprolactamgewebe unter Zusatz von geringen Mengen aktiver Metallcarbonyle führte bei Anwendung von $Mo(CO)_6$ (1,1 mg, 16 h, 60°C) zu einer Pfropfrate von 16,3%, bei Zugabe von

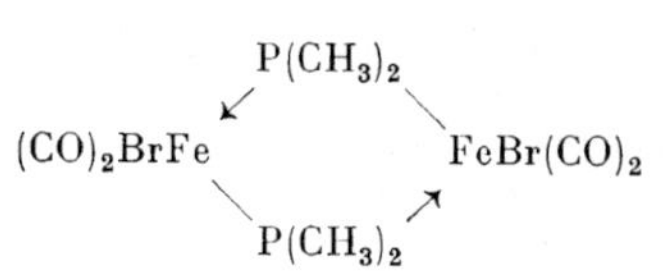

(6,8 mg, 2 h, 60°C) zu einem Pfropfgrad von 17,7%.

Die bei der Pfropfcopolymerisation von Polyamiden mit Methacrylsäureestern hervorgerufenen Eigenschaftsveränderungen des Ausgangspolymeren wurden nur in wenigen Fällen umfassend ermittelt. *Potnis, Shetty* und *Prakash* [89] publizierten in einer unlängst erschienenen Arbeit ihre diesbezüglichen Untersuchungsergebnisse zur Pfropfung von Methylmethacrylat auf Polycaprolactamfäden (2,2 tex) (Tabelle 2).

Wie aus der Tabelle 2 ersichtlich ist, nehmen mit zunehmendem Pfropfgrad (bei steigender Strahlendosis) der Schmelzpunkt und die Anfärbbarkeit beträchtlich zu, wogegen die Reißkraft vermindert wird und der strahlenchemisch bedingte anfängliche Viskositätsabfall wieder etwas ausgeglichen wird.

Über eine Verbesserung der Anfärbbarkeit wird auch in [90, 91] berichtet. Weitere Feststellungen betreffen eine Erhöhung des *Young*- und Torsionsmoduls [37], eine Verbesserung der Knitterfestigkeit (ohne wesentliche Reißfestigkeitsverluste!) [49], der Hydrophilie und der thermooxydativen Widerstandsfähigkeit [92] sowie eine Verringerung der elektrostatischen Aufladung [93] und der Löslichkeit in den für Polyamide artspezifischen Solventien [35, 89].

6. *Pfropfcopolymerisation mit Acrylnitril*

Über die Pfropfcopolymerisation von Polyamiden mit Acrylnitril existiert ein umfangreiches Schrifttum.

Das Vinylmonomere wurde in der bekannten Weise sowohl mittels Kettenübertragungsreaktionen [113, 117, 118], thermooxydativer [16, 18, 22] und strahlenchemischer Initiierung [30, 34 bis 37, 43, 73, 75, 76, 81, 89, 94 bis 112, 114 bis 116], als auch durch Initiierung infolge Einwirkung mechanischer Energie [56] sowie chemische Reaktionen eingebauter reaktiver Gruppen [57] mit dem zu modifizierenden Polymeren zur Umsetzung gebracht.

Häufig stellten Untersuchungen zur Kinetik der Pfropfungsreaktion [30, 76, 95, 96, 100 bis 110] und der strukturellen Beschaffenheit der Pfropfcopolymeren [103, 112, 114, 115] das Hauptanliegen dieser Arbeiten dar. Da die Interpretationen bei diesen Arbeiten keine einheitliche Linie erkennen lassen, soll nachstehend nur ein kurzer Abriß der wichtigsten Resultate erfolgen.

Für die photochemisch initiierte Pfropfung von Acrylnitril auf KAPRON-Fäden wurden von *Gnip* u. a. [96] die Reaktionsgeschwindigkeitskonstanten und die scheinbare Aktivierungsenergie berechnet (5,7 kcal/mol). Der letzte Wert wurde von *Kornev* u. Mitarb. [104] mit 5,2 kcal/mol annähernd bestätigt und ferner der mittlere Abstand zwischen den Pfropfstellen zu 120 Å bestimmt [103].

Überraschend ist die Angabe, daß dem gasförmigen Monomeren zugesetzte Methanoldämpfe ohne Einfluß auf den Reaktionsablauf blieben [96]. Kinetische Untersuchungen für die unter Einwirkung hochenergetischer Strahlung verlaufende Pfropfcopolymerisation des Acrylnitrils aus der Dampfphase auf KAPRON-Fäden wurden von *Kačan* u. a. [76, 100, 102] durchgeführt. Neben der Bestimmung der Aktivierungsenergie, der Reaktionsgeschwindigkeitskonstanten, der Abhängigkeit der Reaktionsgeschwindigkeit von verschiedenen Versuchsparametern und der Ermittlung des Einflusses der Sorptionsgeschwindigkeit des Monomeren auf die Pfropfungskinetik wird als bemerkenswertes Resultat aus den kinetischen Daten ein „Stoßmechanismus" postuliert [100].

Kurilenko u. Mitarb. [105, 106, 107], die aus sorptionskinetischen Werten Diffusionskoeffizienten und Aktivierungsenergien für analoge Umsetzungen berechneten, bestreiten das Vorliegen eines derartigen „Stoßmechanismus" dagegen entschieden. Eine weitere Angabe bezüglich der Aktivierungsenergie, die mit 11 bis 12 kcal/mol beziffert wird, findet sich in [30]. *Mertvičenko* u. a. [198 bis 110] widmeten sich insbesondere kinetischen Arbeiten über den Einfluß von Lösungsmitteln (besonders Methanol) auf den Ablauf der Pfropfungsreaktion.

Pachomova u. Mitarb. [112] bestrahlten KAPRON-Fäden bei 22°C mit 7 Mrd einer ^{60}Co-γ-Strahlung und pfropften anschließend 4,1% (nach 5 h) bzw. 28% (nach 100 h) Acrylnitril aus der Dampfphase auf das vorbehandelte Polymere. Aus der Messung der Doppelbrechung wurden strukturelle Veränderungen im Pfropfcopolymeren ermittelt. Dabei wurde festgestellt, daß eine reine Bestrahlung (0,25 bis 19 Mrd) ohne Einfluß blieb. Nach erfolgter Pfropfmodifizierung nahm die Doppelbrechung etwa proportional mit der Höhe des Pfropfgrades ab.

Daraus wird auf eine gewisse Desorientierung der kristallinen Bereiche der Polycaprolactamfäden geschlossen. Ferner

Tabelle 2[2]). Eigenschaftsveränderungen von mit Methylmethacrylat gepfropften Polycaprolactamfäden [nach Potnis, Shetty und Prakash [89])

Dosis Mrd	Pfropfrate %	Fp °C	η_{rel} (bei 30°C)	Farbstoffabsorption nach 1 h mmol/kg*)	Reißkraft p	Dehnung %	Bemerkungen
0	—	213	2,286	40,86	32,1	26,4	Ausgangspolymeres
0	0,1	213	2,296	40,9	33,8	35,0	Pfropfung ohne Bestrahlung
0,1	9,7	215	1,640	44,25	29,3	30,0	
0,5	65,9	284···286	1,682	53,27	22,7	17,6	
1	134,6	298···302	1,744	60,10	24,5	29,6	

)[2] Tabelle 1, s. Teil I. *) Dispersol yellow G_3

wurde festgestellt, daß die Pfropfung über den ganzen Fadenquerschnitt erfolgt und eine homogen gepfropfte Deckschicht an der Oberfläche des Rückgratpolymeren fehlt. Dagegen finden sich in [100, 76, 109] Angaben, wonach bei Abwesenheit eines Lösungsmittels, wie z. B. Methanol, weitgehend eine Oberflächenmodifizierung stattfindet.

Vlasov u. a. [115], die unter Initiierung mit Röntgenstrahlen und Anwendung der Simultanbestrahlungstechnik Acrylnitril auf KAPRON-Fäden pfropften (15 bis 33% aus der Monomerendampfphase) nahmen Ultrarotspektren des Pfropfcopolymeren im polarisierten Licht auf und ermittelten daraus das dichroitische Verhältnis als ein Maß für die Orientierung des modifizierten Materials. Danach üben orientierte Polyamidmoleküle bei der Pfropfung des Monomeren aus der Dampfphase die Funktion einer Matrix aus und führen zur Bildung orientierter Polyacrylnitril-Einheiten. Unter gleichen Bedingungen zeigen dagegen unorientierte KAPRON-Fäden oder orientierte Polyamidketten, die in der flüssigen Monomerenphase behandelt wurden, einen Dichroismus, woraus geschlußfolgert wird, daß die flüssigen Acrylnitrilmoleküle offenbar einen desorientierenden Einfluß auf das Wachstum der Makromoleküle ausüben. Ganz andere Resultate werden von *Temnikovskij* u. Mitarb. [114] publiziert. Danach soll nur eine Strukturänderung der amorphen, nicht jedoch der kristallinen Bereiche eintreten. Aus Untersuchungen der thermomechanischen Eigenschaften des Pfropfcopolymeren ist eine zunehmende Orientierung der amorphen Gebiete des Ausgangspolymeren während des Pfropfprozesses und eine Weichmacherwirkung des Monomeren ersichtlich.

Zusätzliche verfahrenstechnisch interessante Aspekte bieten die bereits früher zitierten Arbeiten von *Hargreaves* [75], *Grohn* [56] sowie *Bamford* u. a. [57]. Aus der letztgenannten Publikation ist ersichtlich, daß halogenierte Polyamidfäden oder -gewebe nach Zusatz geringer Mengen von $Mo(CO)_6$ mit 6,7 bis 11,4% Acrylnitril gepfropft werden können.

Besondere Aufmerksamkeit ist den erzielten Eigenschaftsveränderungen von mit Acrylnitril pfropfcopolymerisierten Polyamiden zu schenken.

Nach [81, 37, 117] ist eine Zunahme des Elastizitätsmoduls, des *Young*-Moduls (bei 27%iger Pfropfung von 112,5 p/tex auf 288 p/tex [117]) und des Torsionsmoduls sowie eine Erhöhung der Lichtstabilität [97] und des Schmelzpunktes (von 213 auf 230°C bei 9,1%iger Pfropfung [89]) zu verzeichnen. Bezüglich der Reißfestigkeit wird von *Mertvičenko* u. a. [111] eine Steigerung bis zu Pfropfgehalten von 5% Acrylnitril angegeben. Höhere Pfropfraten bedingen wieder einen Festigkeitsabfall, was auf eine Desorientierung der gepfropften Schicht zurückgeführt wird. Konträr dazu sind die Angaben von *Vlasov* u. a. [73]. Die gepfropften KAPRON-Fäden (29 tex) zeigen im Vergleich zu unbehandeltem Material auch bei höheren Temperaturen eine vergrößerte Reißfestigkeit (1,7 Rkm bei 300°C). Bedingt soll diese Erscheinung durch das gepfropfte, orientierte Polyacrylnitril werden. In [89] wiederum finden sich Werte, die grundsätzlich auf eine Senkung der Festigkeit hindeuten (von 32,1 auf 16,2 p Reißkraft, bei 9,1%iger Pfropfung). Nach *Koršak* u. a. [18] besitzen unter thermooxydativer Initiierung mit Acrylnitril pfropfcopolymerisierte Polycaprolactamfäden eine erhöhte Haftfestigkeit gegenüber Kautschuk.

Eindeutig verbessert ist nach übereinstimmenden Resultaten die Anfärbbarkeit gepfropfter Polycaprolactamfäden mit Dispersionsfarbstoffen wie Dispersol yellow G_3 (Tabelle 3), Säureblau und Fuchsin [89, 98].

Tabelle 3. Anfärbbarkeit von mit Acrylnitril pfropfcopolymerisierten Polycaprolactamfäden (nach Potnis, Shetty und Prakash [89])

Strahlungsart	Dosis Mrd	Pfropfrate %	Farbstoffaufnahme von *I* mmol/kg
—	—	—	40,86
—	0	0,4	43,51
γ	0,1	6,3	58,62
γ	0,5	7,5	64,42
γ	1,0	9,1	65,46

I = Dispersol yellow G_3

7. *Pfropfcopolymerisation mit Acrylamid, Acrylamidderivaten und N-Formylamidoacrylsäure*

Die strahlenchemisch initiierte Pfropfcopolymerisation von Acrylamid aus wäßriger Lösung auf DEDERON-Gewebe führt nach *Heger* [51] nur zu ungleichmäßigen Pfropfungen. *Okamura* u. a. [119] und *Tsurata* u. a. [120] wendeten die Vorbestrahlungstechnik auf Polycaprolactamfäden (3,8 tex, 54 Rkm) an, die anschließend in 33%iger methanolischer Acrylamidlösung getränkt und nachbestrahlt wurden. Das Pfropfcopolymere besaß bei etwas verringerter Reißfestigkeit (41,4 Rkm) und Biegsamkeit eine verbesserte Anfärbbarkeit, die auch in [121, 122] festgestellt wurde. *Haworth* und *Holker* [71] beschreiben neben der durch Cer-Salze initiierten Pfropfcopolymerisation von Acrylamid auf Polyamid-6.6-fasern auch die Modifizierung mit Äthyl-, Diäthyl- und tert-Butylacrylamid.

Die peroxidkatalysierte Pfropfcopolymerisation von KAPRON-Fäden mit ungesättigten Säuren wie N-Formylamidoacrylsäure und anschließende Behandlung mit Cu- oder Ca-Acetatlösung soll zu einer erhöhten Thermostabilität des Polymeren führen [123].

8. *Pfropfcopolymerisation mit weiteren Vinylverbindungen*

Über die Pfropfcopolymerisation von Polyamidfäden mit *Vinylacetat* wird in [10, 16, 32, 33, 37, 43, 57, 70, 73, 89, 97, 102, 124, 125] berichtet.

Die erzielten Pfropfraten waren im allgemeinen gering (2 bis 6%), jedoch erreichten *Vlasov* u. a. [73] 87,7%, bei einer gleichzeitigen Homopolymerenbildung von nur 5,1%.

Die bemerkenswerteste Eigenschaftsveränderung besteht in einer erhöhten Anfärbbarkeit [89] und Hydrophilie [124, 125] der modifizierten Fäden, wobei eine nachträgliche Verseifung des aufgepfropften Monomeren zu Polyvinylalkohol den letztgenannten Effekt noch verstärkt. So besaßen unbehandelte KAPRON-Fäden ein Feuchteaufnahmevermögen von 4%, das sich nach der Pfropfung mit Vinylacetat (initiiert mittels UV-Strahlung) auf 4,8%, nach Verseifung des Pfropfcopolymeren mit methanolischer Natriumhydroxidlösung auf 6,8% erhöhte. *Nizelskij* [125] weist in diesem Zusammenhang darauf hin, daß bei Initiierung des Pfropfungsprozesses mit γ-Strahlung der Gewinn an Hydrophilie infolge Vernetzungserscheinungen wieder verlorengeht, sofern die Strahlungsdosis 5 mrd wesentlich übersteigt. *Potnis* u. Mitarb. [89] erzielten die in Tabelle 4 wiedergegebenen Resultate.

Interessant ist die in Spalte 2 der Tabelle 4 angegebene Erhöhung der Reißdehnung für unbestrahlt pfropfcopolymerisierte Polyamidfäden. Eine Erklärung für diesen merkwürdigen Effekt steht noch aus.

Keine wesentliche Änderung der Festigkeitswerte des *Young*- und des Torsionsmoduls fanden unter vergleichbaren Bedingungen *Shinohara* u. a. [37].

Erwähnt sei ferner eine Publikation von *Armstrong* u. Mitarb. [43], die sich mit Arbeiten zur Pfropfcopolymerisation von *Vinylpropionat*, *Vinyl-2-Äthylhexanonat* und *Vinylcrotonat* auf Polyamid-6.6-Fäden beschäftigten.

Tabelle 4. Eigenschaftsveränderungen von mit Vinylacetat pfropfcopolymerisierten Polycaprolactamfäden (2,2 tex) *(nach Potnis, Shetty und Prakash* [89]*)*

γ-Strahlen-Dosis Mrd	Pfropfrate %	Fp °C	η_{rel} (bei 30 °C)	Farbstoffaufnahme*) mmol/kg	Reißkraft p	Dehnung %
—	—	213	2,286	40,86	32,1	26,4
—	0,2	213	2,086	50,40	33,9	36,7
0,1	0,6	213	1,612	56,28	27,9	19,7
0,5	5,08	212	1,650	58,86	28,5	18,7
1	7,68	211	1,470	62,03	9,3	7,7

*) Dispersol yellow G_3

Auch die Pfropfcopolymerisation mit *Vinylchlorid* [99] und *Vinylfluorid* [126] wurde bereits praktiziert.

Vinylpyridin [60, 66, 94, 98, 102] und seine Derivate wie *2-Methyl-5-vinylpyridin* [18, 22, 67] und *N-Methyl-4-vinylpyridinium-p-toluolsulfonat* [66] stellen weitere Monomere dar, die zur Pfropfcopolymerisation mit Polyamidfäden herangezogen wurden, wobei wiederum unterschiedliche Initiierungsmethoden zugrunde lagen.

Gnip u. a. [98] ermittelten eine um 59% (Säure — Blau) bzw. 300% verbesserte Anfärbbarkeit für das fadenförmige Modifizierungsprodukt, ein Effekt, der auch in [121] gefunden wurde.

Sykes und *Thomas* [121], die mit strahlenchemischer Initiierung arbeiteten, behandelten die pfropfcopolymerisierten Polyamid-6.6-Fäden anschließend mit Dimethylsulfat in Methanol. Das dabei gebildete quarternäre Derivat verlieh dem Polymeren interessanterweise eine verbesserte spezifische elektrische Leitfähigkeit. Diese Eigenschaftsverbesserung war auch durch direkte Polymerisation von N-Methyl-4-vinylpyridinium-p-toluolsulfonat in Polyamid-6.6-Fasern (0,33 tex) und -Geweben erzielbar, wobei jedoch erhebliche Mengen an Homopolymerisat anfielen [66]. *Koršak* u. a. [18] beschreiben eine erhöhte Haftfestigkeit gegenüber Kautschuk (120 bis 170%) für die unter thermooxydativer Initiierung mit 2-Methyl-5-vinylpyridin pfropfcopolymerisierten KAPRON-Fäden. *N-Vinylpyrrolidon*, das auf Polyamid-66-Fäden gepfropft wurde [60, 122, 127], verleiht dem Polymeren nach Durchlaufen eines aus drei Schritten bestehenden speziellen Thermofixierungsverfahrens eine verbesserte Naßknittererholung [122]. Verschiedene Autoren bezogen in ihre Arbeiten zur Modifizierung von Polyamidfäden auch Versuche mit *Butadien* [18, 73, 81, 98, 99] und *Isopren* [64, 98, 102] ein. Als Resultat wurde eine verbesserte Adhäsion der behandelten Polymeren gegenüber Naturgummi erreicht [98]. Der Vollständigkeit halber seien auch die Umsetzungen verschiedenartiger Polyamidfäden mit *Divinylsulfon* [43], *Vinylidenchlorid* [16, 25] und *1-(2-methoxyäthoxy)-2-vinylbenzyloxyäthan* erwähnt [91].

Interessante Eigenschaftsveränderungen konnten durch gleichzeitiges Aufpfropfen von mehreren Vinylmonomeren hervorgerufen werden. *Landler* und *Lebel* [128] gelang unter thermooxydativer Initiierung bei 90 °C eine Modifizierung des Polyamidgewebes mit einem Gemisch aus *5-Vinyl-2-picolin* und *Chloracrylsäure* (55:50 = (Vol:Vol)). Eine ausgezeichnete Farbstoffaffinität war das Ergebnis. Unter Strahleninitiierung glückte die Pfropfcopolymerisation mit einer Monomerenlösung aus 85 Volumenteilen *Vinylidenchlorid* und 15 Volumenteilen *Vinylacetat*; nach 15maligem Waschen besaß das Pfropfcopolymerisat anscheinend einen „weichen Griff" und war flammresistent [129].

9. „*Pemosoren*"*-Bildung durch mehrfache Pfropfcopolymerisation mit Vinylverbindungen*

Mehrfach gepfropfte Polycaprolactamfilme oder -fäden stellen einen interessanten Sonderfall der bekannten Pfropfcopolymeren dar. So pfropfcopolymerisieren unter thermooxydativer Initiierung nacheinander in mehreren Schichten Polystyrol, Polymethacrylat, Polymethylmethacrylat und Polyacrylnitril sowie andere geeignete Substanzen mit Polycaprolactammaterialien, wobei sowohl nur *ein* Monomerentyp, als auch wechselweise verschiedene Vinylverbindungen eingesetzt werden können [130 bis 134].

Der erzielbare Pfropfungsgrad kann dabei Werte von über 1000% erreichen. Die „*Pemosoren*" besitzen eine hohe rel. Molekülmasse (in Trikresol), sind aber interessanterweise nicht vernetzt [130]. Außerdem werden hohe Werte für die Grenzviskosität erhalten, z. B. 3,31 nach 502%iger Pfropfung mit Styrol, 12,58 nach 380%iger Pfropfung mit Styrol/Methylmethacrylat (reines Polycaprolactam 1,18) [130].

Ebenfalls in die Gruppe der „*Pemosoren*" sind Blockcopolymere mit alternierenden Schichten verschiedener Vinylpolymerer einzuordnen, die von *Gnip* u. a. [135] unter Initiierung mit UV-Strahlung hergestellt wurden. Auf Grund der Stabilität der Makroradikale konnten mit 12% Polyacrylnitril pfropfcopolymerisierte Polycaprolactam-Fäden nach 3 h Reaktionsunterbrechung erneut einer Umsetzung (z. B mit Vinylacetat) unterworfen werden, ohne daß eine nochmalige Bestrahlung notwendig gewesen wäre.

10. *Pfropfcopolymerisation von Polyamidfäden mit ungesättigten organischen Substanzen (außer Vinylverbindungen)*

Magat, Tanner und *Zimmermann* [72] tränkten Polyamid-6.6-Fäden mit einer wäßrigen *Maleinsäurelösung* und bestrahlten anschließend mit Elektronen (2 MeV, 20 Mrd), wodurch 17,5% Pfropfausbeute erzielt wurden.

Nach Überführung der aufgepfropften Säure in ihr Na-Salz besaß das Polyamid eine erhöhte Hydrophilie, Naßknitterfestigkeit und spezifische elektrische Leitfähigkeit sowie verbesserte antistatische Eigenschaften. Sowohl in Form des Na- als auch des Ca-Salzes zeigte das modifizierte Material in Abhängigkeit von der Pfropfrate eine Schmelzpunkterhöhung von 240 °C auf über 350 °C.

Eine ähnliche Pfropfcopolymerisation von Polyamid-6.6- oder Polycaprolactamgeweben mit *Maleinsäureanhydrid* (in H_2O), *Fumar-* oder *Itaconsäure* wird in [59, 72, 136] beschrieben, wobei auch UV-Strahlung zur Initiierung Verwendung fand [59]. Das so mit *Maleinsäurenanhydrid* präparierte Gewebe war bis 600°C resistent gegen ein Einbrennen von Löchern („hole melting") [136].

Versuche zur Pfropfcopolymerisation mit Olefinen (Äthylen, Propylen) [73, 99] bzw. halogensubstituierten Alkenen wie C_3F_3, C_2F_4, C_2F_3Cl, $C_2H_2F_2$ [137, 138] erbrachten keine Eigenschaftsverbesserungen.

Vernetzte Pfropfcopolymere werden durch Umsetzung von Polyamiden mit *Acetylen* [73, 139] oder *Trialkylcyanurat* [51] erhalten. An substituierten Alkinen setzten *Vlasov* u. a. [73] *Phenylacetylen* und *Propargylalkohol* ein.

Abschließend seien zwei Arbeiten von *Dubrova* u. a. [140, 141] erwähnt. Darin wird die strahlenchemische Pfropfcopolymerisation von Polycaprolactamfäden mit *Allyl-N-Methyloläther* [140, 141] von *Acetamid, Benzamid* und *Chloracetamid* [140] sowie N-Hydroxymethylacetamid, -chloracetamid und -benzamid [141] beschrieben.

Die Pfropfausbeuten betrugen 9,2 bis 13% [140] bzw. 0,5 bis 12% [141]. Die markantesten Eigenschaftsveränderungen bestanden in einer wesentlichen Verbesserung der Farbstoffaffinität und der Haftfestigkeit gegenüber Butadien/Styrol-Kautschuk [141].

Dem Leiter der Abteilung Polykondensatfaserstoffe, Herrn Dr. *G. Reinisch*, danke ich für kritische Diskussionen.

Literatur

[1 bis 65] s. Teil I.

[66] *Haworth, S.*, und *Holker, J. R.*: Cerium initiated polymerization of some vinyl compounds in polyamide fibers. J. Soc. Dyers Colourists **82** (1966) 7, S. 257 bis 264.

[67] *Kuznecova, V. A., Kryazev, Yu. G., Rogovin, Z. A.*, und *Toropiseva, T. N.*: Synthese von Copolymeren durch Pfropfcopolymerisation mit 2-Methyl-5-vinylpyridin, Acrylsäure und Methacrylsäure. Ž. prikl. Chimii (Z. angew. Chemie) **37** (1964) 6, S. 1334–1340.

[68] Pfropfcopolymere. Yardney International Corp. BeP 623166 vom 31. 1. 1963; ref. in: Chem. Abstr. **59** (1963) 15432.

[69] Graft polymerizing hydrophobic substrates. Yardney International Corp. USP 3297786 vom 10. 1. 1967; ref. in: Chem. Abstr. **66** (1967) 66687.

[70] Gepfropfte Polyamidfaserstoffe. Toyo Rayon K. K., Tokyo. JaP 18970 vom 12. 1. 1862; ref. in: Chem. Abstr. **63** (1965) 731.

[71] *Koršak, V. V., Mozgova, K. K., Školina, M. A., Nagdasova, I. P.*, und *Berestnev, V. A.*: Synthese von Pfropfcopolymeren. Vysokomol. Soed. (Hochmol. Verbind.) **5** (1963) 2, S. 171–175.

[72] *Magat, E. E., Miller, I. K., Tanner, D.*, und *Zimmermann, J.*: Grafts of nylon and unsaturated acids. J. Polymer Sci., C: Polymer Symposia **4** (1963) S. 615–629.

[73] *Vlasov, A. V., Michajlov, N. V., Tokareva, L. G., Rafikov, S. R., Tsetlin, B. L.*, und *Glazunov, P. Ja.*: Strahlungsinduzierte Pfropfcopolymerisation aus der Gasphase. Chim. Volokna (Chem. Fasern) **6** (1963) S. 24–28.

[74] *Belavtseva, E. M., Gumargalieva, K. Z., Kitaigorodskij, A. I.*, und *Vlasov, A. V.*: Staining method used for graft polymer investigation by electron microscopy. Proc. European Reg. Conf., Electron Microscopy, 3rd Prague (1964) (A), S. 419–420; ref. in: Chem. Abstr. **62** (1965) 10581.

[75] *Hargreaves, G.*: Technique for γ-radiation graft polymerization. AEC Accession No. 29316, Rept. No. AED-CONF-66-039-1, Avail Gmelin (1966); ref. in: Chem. Abstr. **66** (1967) 38740 (aus Nucl. Sci. Abstr. **20** (1966) 16, 3562).

[76] *Kačan, A. A.*, und *Mertvičenko, E. F.*: Einfluß der Durchlässigkeit von Kapronfäden auf die Pfropfkinetik von Acrylnitril und Acrylsäure in der Dampfphase. Vysokomol. Soed. (Hochmol. Verbind.) **19** (1967) 7, S. 1424–1428; dt. in: Sowj. Beitr. Faserforsch. Textiltechnik **4** (1967) 11, S. 568–571.

[77] *Mertvičenko, E. F., Kačan, A. A.*, und *Červyatsova, L. L.*: Dampfphasen-Pfropfpolymerisation von Acrylsäure auf Kapronfasern. Chim. Prom. Ukrainy (Chem. Ind. Ukraine) (1967) 3, S. 17–19; ref. in: Chem. Zbl. (1968) 3201.

[78] Verfahren zur Herstellung rückführbarer verformter textiler Gebilde. Du Pont DP 1145134 vom 29. 4. 1959; ref. in: Chem. Abstr. **59** (1963) 4095.

[79] The graft polymer is a radiation-induced graft of acrylic acid onto nylon 66. Du Pont. USP 2999056. *Tanner, D.*: Fabric comfort to come from new fibers. Chem. engng. News **45** (1967) 31, S. 56–47.

[80] *Virnir, A. D., Penenzik, M. A., Rogovin, Z. A., Daurova, T. T.*, und *Chobakov, I. G.*: Blutstillender Mull auf Basis modifizierter Cellulose. Textil. Prom., Moskva (Textil-Ind.) **29** (1969) 3, S. 67; dt. in: Sowj. Beitr. Faserforsch. Textiltechnik **6** (1969) 9, S. 497 bis 498.

[81] *Armstrong, Jr., A. A.*, und *Rutherford, H. A.*: Application of nuclear radiation to textile materials and processes — radiation induced graft copolymerization of vinyl monomers and fibrous polymers. Ind. Uses Large Radiation Sources, Proc. Conf., Salzburg, Austria **1** (1963) S. 257–284; Diskussion S. 284 bis 287.

[82] *Hachihama, Y.*, und *Sumitomo, H.*: Acrylpolymere. Strahleninduzierte Pfropfcopolymerisation in Acrylsystemen. II. Technol. Repts. Osaka Univ. **8** (1958), S. 481–486; ref. in: Chem. Abstr. **53** (1959) 18535. *Sumitomo, H.*, und *Hachihama, Y.*: Pfropfcopolymerisation von Äthylacrylat mit bestrahltem Nylon. Kogyo Kagaku Zasshi (J. chem. Soc. Jap., Ind. Chem. Sect.) **62** (1959) S. 132–133; ref. in: Chem. Abstr. **57** (1962) 14010.

[83] Seidenartige Polyamidfaserstoffe. Toyo Rayon Co., Ltd. JaP 10436/1966 vom 30. 7. 1963; ref. in: Chem. Abstr. **65** (1966) 18742. JaP 15758/1966 vom 30. 7. 1963; ref. in: Chem. Abstr. **66** (1967) 22, 96134.

[84] *Howard, G. I., Kim, S. R.*, und *Peters, R. H.*: Graft polymerization of methacrylic acid on nylon 6 film. J. Soc. Dyers Colourists **85** (1969) 10, S. 468–473.

[85] *Matsuda, T., Nunome, K., Sakai, Y., Yamakita, H.*, und *Maeda, N.*: γ-Strahlen-induzierte Pfropfcopolymerisation. VII. Pfropfcopolymerisation von Methacrylsäure auf Synthesefasern durch Vorbestrahlungstechnik. Nagoya Kogyo Gijutsu Shikensho Hokoku (Repts of Govt. Ind. Research Inst., Nagoya) **12** (1963) 9, S. 455–461; ref. in: Chem. Abstr. **60** (1964) 14616.

[86] *Roberts, R.*, und *Thomas, J. K.*: The radiation-induced graft copolymerization of methacrylic acid to nylon. J. Soc. Dyers Colourists **76** (1960) S. 342–344.

[87] *Pikler, A.*: Modifizierung von Polyamidfaserstoffen durch Pfropfcopolymerisation. Chem. Vlákna, Svit (Chem. Fasern) (1968) 3/5, S. 122–130.

[88] *Frynta, J., Matějka, V.*, und *Rada, Z.*: Hydrophilierung der Polyamidfasern. Textil, Praha **21** (1966) 6, S. 233–235.

[89] *Potnis, S. P., Shetty, S. M.*, und *Prakash, J.*: Effect of γ-radiation on synthetic fibers. II. Irradiation in the presence of chemicals. Angew. makromol. Chemie, Basel **7** (1969) S. 85–100.

[90] Graft copolymers of polyglycol esters of acrylates and methacrylates on superpolyamide substrates. Dow Chemical Co. USP 2959565 vom 8. 11. 1960; ref. in: Chem. Abstr. **55** (1961) 7923.

[91] Dye-receptive antistatic nylon 66 fibers graft copolymerized with alkenyl aromatic polyglycol ether. Dow Chemical Co. USP 3306952 vom 22. 6. 1962; ref. in: Chem. Abstr. **66** (1967) 9911.

[92] *Pikler, A., Svitek, J., Repka, J.*, und *Lodesová, D.*: Beitrag zur Modifizierung von Polyamidfasern. Chem. Vlákna, Svit (Chem. Fasern) **15** (1965) 6, S. 147–152.

[93] Grafting vinyl monomers or polymers onto solid-shaped condensation polymers. Du Pont. USP 3188228 vom 8. 7. 1965; ref. in: Chem. Abstr. **63** (1965) 7208.

[94] *Besonov, A. I., Vituškin, N. I., Ryabčikova, G. G., Glazunov, P. Ya., Karapetyan, Sh. A., Parfanovic, B. N.*, und *Jakubovič, A. A.*: Vorrichtung für die Strahlungs-Pfropfpolymerisation in der Gasphase. Plast. Massy, Moskva (Plast. Massen) **5** (1965) S. 3–4.

[95] *Gnip, N. P., Kačan, A. A., Kornev, K. A., Kulik, N. V.*, und *Červyatsova, L. L.*. Kinetik der photochemischen Pfropfcopolymerisation von Acrylnitril auf Kapronfaserstoffe. Vysokomol. Soed., Sb. Statei (Hochmol. Verbind., Artikel-Sammlung) (1964) S. 109–114.

[96] *Gnip, N. P., Kačan, A. A., Kornev, K. A.*, und *Červyatsova, L. L.*: Kinetik des photochemischen Nacheffekts bei der Pfropfcopolymerisation von Acrylnitril auf Kapronfaserstoffe. Vysokomol. Soed., Sb. Statei (Hochmol. Verbind., Artikelsammlung) (1964) S. 115–121.

[97] *Gnip, N. P., Kulik, N. V.*, *Kačan, A. A.*, und *Červyatsova, L. L.*: Lichtstabilisierung von Polyamiden durch Pfropfcopolymerisation. Chim. Prom. Inform. Nauč-Techn., Sb. (Chem. Ind., Inform. Wiss.-Technik, Sammelband) (1964) 4, S. 9–10.

[98] *Gnip, N. P., Kačan, A. A., Kulik, N. V.*, und *Červyatsova, L. L.*: Die Nichtadditivität von Eigenschaften Pfropfcopolymerer im Verhältnis zu ihrer Zusammensetzung. Modifikac. Svoistv. Polim. i polimernych Mater., Akad. Nauk Ukr. SSR., Resp. Mezhvedomstv. Sb. (Modifiz. der Eig. v. Polymeren u. Polymerstoffen, Akad. Wiss. Ukrain. SSR., Interdiszipl. Republiks-Sammelband) (1965) S. 5–8.

[99] *Junken, E. R.*: Pfropfcopolymerisation von Vinylmonomeren auf Textilmaterialien. Vorbestrahlung mit γ-Strahlen. Ind. Quim., Buenos Aires **24** (1965) 2, S. 85–90; ref. in: Chem. Abstr. **66** (1967) 96052.

[100] *Kačan, A. A.*: Über die kinetischen Besonderheiten der Pfropfcopolymerisation von Acrylnitril auf Kapronfäden in der Gasphase. Vysokomol. Soed. (Hochmol. Verbind.) **8** (1966) 12, S. 2144–2149; dt. in: Sowj. Beitr. Faserforsch. Textiltechnik **4** (1967) S. 178–181.

[101] *Kačan, A. A.*, und *Temkin, A. Ja.*: Über die Einschließung von Makroradikalen bei der Dampfphasen-Pfropfpolymerisation von Acrylnitril auf Kapronfäden, Vysokomol. Soed. (Hochmol. Verbind.) Serie B **9** (1967) 1, S. 70–73.

[102] *Kačan, A. A., Červyatsova, L. L., Kornev, K. A., Metvičenko, E. F.*, und *Gnip, N. P.*: Investigation of the kinetics and mechanism of radiochemical and photochemical grafting of acrylonitrile from the gaseous phase to polyamide fibers. J. Polymer Sci., C: Polymer Symposia **16** (1967) 5, S. 3033–3039.

[103] *Kornev, K. A., Kačan, A. A., Červyatsova, L. L., Polak, L. S., Mertvičenko, E. F.*, und *Demčenko, S. S.*: Kinetik der strahleninduzierten Pfropfcopolymerisation von Acrylnitril auf Kapronfäden. Ukrainskij chim. Ž. (Z. Chem. Ukraine) **30** (1964) 12, S. 1318 bis 1321.

[104] *Kornev, K. A., Gnip, N. P., Kačan, A. A.*, und *Červyatsova, L. L.*: Photochemische Pfropfcopolymerisation von Acrylnitril auf Kapronfasern. Dopovidi Akad. Nauk Ukr. SSR. (Ber. Akad. Wiss. Ukrain. SSR.) (1964) 2, S. 224–226.

[105] *Kurilenko, A. I.*, und *Gluchov, V. I.*: Untersuchung der Diffusion von Acrylnitril in hochorientierten Kapronfäden. Vysokomol. Soed. (Hochmol. Verbind.) **8** (1966) 4, S. 573–577.

[106] *Kurilenko, A. I.*, und *Gluchov, V. I.*: Untersuchung des Prozesses der Pfropfpolymerisation von Acrylnitril auf Kapronfasern. Dokl. Akad. Nauk. SSSR (Ber. Akad. Wiss. UdSSR) **166** (1966) 4, S. 901–904.

[107] *Kurilenko, A. I*,: Zur Frage der kinetischen Besonderheiten und des Pfropfungsmechanismus von Acrylnitril auf Kapronfaserstoff. Vysokomol. Soed. (Hochmol. Verbind.), Serie B **10** (1968) 2, S. 114–116.

[108] *Mertvičenko, E. F., Kačan, A. A.*, und *Červyatsova, L. L.*: Einfluß von Methanol auf die Strahlen-Pfropfpolymerisation von Vinylverbindungen im Dampfzustand auf Polyamid- und Polyesterfasern. Radiats. Chim. Polim., Mater. Simp., Moskva (Strahlenchem. der Polymeren, Stoff-Sympos., Moskau) (1964), S. 147–150 (publiziert 1966); ref. in: Chem. Abstr. **66** (1967) 24, 105333.

[109] *Mertvičenko, E. F., Kačan, A. A., Vonsjackij, V. A.*, und *Kaliničenko, A. M.*: Über den Einfluß von Methanol auf die Pfropfung von Acrylnitril auf Kapronfäden in der Dampfphase. Vysokomol. Soed. (Hochmol. Verbind.), Serie A **9** (1967) 6, S. 1382–1385; dt. in: Sowj. Beitr. Faserforsch. Textiltechnik **4** (1967) 10, S. 525–528.

[110] *Mertvičenko, E. F., Kačan, A. A., Čeervyatsova, L. L.*, und *Vladyko, S. S.*: Einfluß von Lösungsmitteln auf die strahlenchemische Pfropfcopolymerisation von Acrylnitril auf Kapronfäden in der Dampfphase. Ukrainskij chim. Ž. (Z. Chem. Ukraine) **34** (1968) 4, S. 389–393; ref. in: Chem. Abstr. **69** (1968) 2, 11310.

[111] *Mertvičenko, E. F.*, und *Demčenko, S. S.*: Physikalisch-mechanische Eigenschaften von mit Acrylnitril durch Pfropfpolymerisation modifiziertem Kaproncord. Modifikac. Svoistv Polim. i polimernych Mater., Akad. Nauk Ukr. SSR, Resp. Mezhvedomstv. Sb. (Modifiz. der Eig. v. Polymeren u. Polymerstoffen, Akad. Wiss. Ukrain. SSR., Interdiszipl. Republiks-Sammelband) (1965) S. 15–17; ref. im: Chem. Abstr. **65** (1966) 1, 847–848.

[112] *Pachomova, L. N., Nosov, M. P.*, und *Mertvičenko, E. F.*: Untersuchung der Struktur von hochorientierten, durch Pfropfung von Polyacrylnitril modifizierten Kapronfäden. Chim. Volokna (Chem. Fasern) **9** (1967) 1, S. 28–30.

[113] *Sakurada, I.*, und *Sakaguchi, Y.*: Pfropfcopolymerisation von Acrylnitril auf verschiedene, katalysatorgetränkte Fasern. Sen-i Gakkaishi, Japan (J. Soc. Textile Cellulose Ind.) **21** (1965) S. 141–146.

[114] *Temnikovskij, V. A., Kurilenko, A. I.*, und *Dobrecov, S. L.*: Modifizierung der mechanischen Eigenschaften von synthetischen Fasern durch Pfropfen von Vinylmonomeren. 2. Mitt. Weichmacherwirkung sorbierter Monomerer auf die Struktur von Fasern. Mech. Polimerov, Riga (Mechanik d. Polymeren) (1967) 1, S. 167–170.

[115] *Vlasov, A. V., Glazunov, P. Ja., Michajlov, N. V., Rafikov, S. R., Tokareva, L. G., Cetlin, B. L.*, und *Šablygin, M. V.*: Bildung orientierter Strukturen durch strahlungsinduzierte Polymerisation von Vinylmonomeren auf Fasern. Dokl. Akad. Nauk SSSR (Ber. Akad. Wiss. UdSSR) **144** (1962) S. 382–383.

[116] Herstellung von Block- und Pfropfcopolymeren. Toyo Boseki Kabushiki Kaishi, Osaka. JaP 10992/1963 vom 20. 8. 1960.

[117] Mit Acrylnitril gepfropfte Nylonfasern. Toyo Rayon Co., Ltd. JaP 15280/1966 vom 21. 5. 1963; ref. in: Chem. Abstr. **66** (1967) 96143.

[118] Deposition of polymers within or on another polymer. Tee-Pak. USP 3083118 vom 26. 3. 1963; ref. in: Chem. Abstr. **58** (1963) 14235.

[119] *Okamura, S., Iwasaki, T., Kobayashi, Y.*, und *Hayashi, K.*: γ-ray initiated graft copolymerization on the surface of nylon fibers and in the inner layers of cellulosic fibers. Large Radiation Sources in Ind., Proc. Conf., Warszawa **1** (1959) S. 459–470 (publiz. 1960); ref. in: Chem. Abstr. **55** (1961) 9943.

[120] Pfropfcopolymerisation von Polyamiden mit Vinylverbindungen. Nippon Rayon Co., Ltd. JaP 4250/1961 vom 27. 4. 1961; ref. in: Chem. Abstr. **55** (1961) 25365.

[121] *Sykes, J. A. W.*, und *Thomas, J. K.*: The radiation-induced graft copolymerization of 4-vinylpyridine and acrylamide to nylon 66. J. Polymer Sci. **55** (1961) S. 721–729.

[122] Graft copolymer fibers. Du Pont, GBP 901038 vom 11. 7. 1962; ref. in: Chem. Abstr. **58** (1963) 4684.

[123] Thermostabilisierung von Polyamidfaserstoffen. *Kudrjavcev, G. I., Odnoralova, N. N., Pivilova, R. D.*, und *Stalbovskaja, A. V.*: SUP 167952 vom 5. 2. 1965; ref. in: Chem. Abstr. **62** (1965) 16441.

[124] *Gnip, N. P.*: Hygroskopizität von mit Polyvinylacetat pfropfmodifiziertem Kapron. Modifikac. Svoistv Polim. i polimernych Mater., Akad. Nauk Ukr. SSR, Resp. Mezhvedomstv. Sb. (Modifiz. der Eig. v. Polymeren und Polymerstoffen, Akad. Wiss. Ukrain. SSR, Interdiszipl. Republiks-Sammelband) (1965) S. 18–20; ref. in: Chem. Abstr. **65** (1966) 1, 848.

[125] *Nizelskij, Ju. N.*: Sorptionsuntersuchung der Strukturänderungen in Kapronfäden. Modifikac. Svoistv Polim. i polimernych Mater., Akad. Nauk Ukr. SSR, Resp. Mezhvedomstv. Sb. (Modifiz. der Eig. v. Polymeren u. Polymerstoffen, Akad. Wiss. Ukrain. SSR. Interdiszipl. Republiks-Sammelband (1965) S. 21–26; ref. in: Chem. Abstr. **65** (1966) 1, 846.

[126] *Usmanov, Ch. U., Jul'čibev, A. A.*, und *Sirlibaev, J.*: Pfropfcopolymerisation von Vinylfluorid auf Kapron-bzw. Chlorinfaserstoff. Chim. Volokna (Chem. Fasern) (1967) 6, S. 32–34.

[127] *Torikai, S.*, und *Mukoyama, E.*: Pfropfcopolymerisation mittels Vorbestrahlungsmethode. Einflüsse von Wasser und verschiedenen Methoden des Monomerenkontakts. Kobunshi Kagaku, Japan (Chem. High Polymers) **21** (1964) 226, S. 120—123; ref. in: Chem. Abstr. **61** (1964) 1997.

[128] Verbesserung der Farbstoffaffinität von Geweben. Polyplastic. FrP 1233697 bom 6. 5. 1959; ref. in: Chem. Abstr. **59** (1962) 2460.

[129] Ionisierende Bestrahlung von synthetischen Fasern, Geweben und Folien. Du Pont. NdP. 6606050 vom 25. 10. 1955; ref. in: Chem. Abstr. **66** (1967) 96174.

[130] *Koršak, V. V.*, *Mozgova, K. K.*, und *Egorova, Ju. V.*: Neues Verfahren zur Herstellung von Mehrfachpfropfcopolymeren (Pemosoren). Vysokomol. Soed. (Hochmol. Verbind.) **6** (1964) 3, S. 571.

[131] *Koršak, V. V.*, *Mozgova, K. K.*, und *Egorova, Ju. V.*: Synthesis and investigation of properties of repeatedly grafted copolymers (Pemosors). J. Polymer Sci., A—1: Polymer Chem. (1968) 6, S. 2715—2727.

[132] *Koršak, V. V.*, *Mozgova, K. K.*, *Egorova, Ju. V.*, *Gumargalieva, K. Z.*, und *Belavceva, E. M.*: Elektronenmikroskopische Untersuchung von Pemosoren. Vysokomol. Soed. (Hochmol. Verbind.) **8** (1966) 8, S. 1365—1367; dt. in: Sowj. Beitr. Faserforsch. Textiltechnik **3** (1966) 12, S. 627—630.

[133] *Egorova, Ju. V.*, *Krukovskij, S. R.*, *Mozgova, K. K.*, und *Koršak, V. V.*: Untersuchung der Quellbarkeit von Pemosoren. Vysokomol. Soed. (Hochmol. Verbind.), Serie B **9** (1967) 6, S. 477—480.

[134] *Pavlova, S. A.*, *Koršak, V. V.*, *Egorova, Ju. V.*, und *Mozgova, K. K.*: Untersuchung von Pemosoren nach der Sedimentationsmethode. Dokl. Akad. Nauk SSSR (Ber. Akad. Wiss. UdSSR) **177** (1967) 3, S. 589 bis 591.

[135] *Gnip, N. P.*, *Kačan, A. A.*, *Červyatsova, L. L.*, und *Kulik, N. V.*: Strahlenchemische Synthese von gepfropften Blockcopolymeren. Radiats. Chim. Polim., Mater. Simp., Moskva (Strahlenchem. der Polymeren, Stoff-Sympos., Moskau) (1964) S. 15 —153 (publiz. 1966); ref. in: Chem. Abstr. **66** (1967) 95586.

[136] Graft copolymers, espacially for fabric. Du Pont. GBP 838413 vom 22. 6. 1960; ref. in: Chem. Abstr. **54** (196) 25867.

[137] *Kurilenko, A. I.*, *Danilov, E. P.*, und *Karpov, V. L.*: Strahleninduzierte Pfropfcopolymerisation von Fluorolefinen auf orientierte Fasern. Vysokomol. Soed. (Hochmol. Verbind.), Serie A **9** (1967) 11, S. 2362—2367.

[138] *Kurilenko, A. I.*, *Nikulina, I. G.*, und *Danilov, E. P.*: Modifizierung der Adhäsionseigenschaften synthetischer Fasern durch strahleninduzierte Pfropfung von Fluorolefinen. Vysokomol. Soed. (Hochmol. Verbind.), Serie A **9** (1967) 11, S. 2376—2380.

[139] Strahlungsinduzierte Vernetzung von Polymeren. Toyo Rayon Co., Ltd. FrP 1392150 vom 12. 3. 1965; ref. in: Chem. Abstr. **63** (1965) 11799.

[140] *Dubrova, L. N.*, *Kačan, A. A.*, und *Červyatsova, L. L.*: Strahlenchemische Pfropfung von einigen Allylmonomeren auf Kapronfäden. Modifikac. Svoistv Polim. i polimernych Mater., Akad. Nauk Ukr. SSR, Resp. Mezhvedomstv. Sb. (Modifiz. der Eig. v. Polymeren u. Polymerstoffen, Akad. Wiss. Ukrain. SSR., Interdiszipl. Republiks-Sammelband) (1965) 9, S. 9—14, ref. in: Chem. Abstr. **56** (1966) 5579.

[141] *Dubrova, L. N.*, *Červyatsova, L. L.*, und *Butmerčuk, T. D.*: Einige physikalisch-mechanische Eigenschaften von pfropfmodifizierten Kapronfäden. Chim. Prom. Ukr. (Chem. Ind. Ukraine) (1968) 1, S. 17—2 ; ref. in: Chem. Abstr. **69** (1968) 1, 3648.

Eingegangen am 13. Oktober 1970

Kurze Mitteilungen[1]

Zur Anwendung der konduktometrischen Partikelzählung auf Lösungen von Zellstoffen in EWNN

DK 661.728:543.257.5:546.723—386:66.061:541.182.6.02

Das Lösungsmittel EWNN wurde schon verschiedentlich zur Zellstoffcharakterisierung herangezogen. *Smith* u. a. [1] stellten bei fünf aus unterschiedlichen Holzarten nach verschiedenen Aufschlußverfahren erhaltenen Chemiezellstoffen eine eindeutige Korrelation zwischen mikroskopisch bestimmter Partikelzahl und Filterwert fest. Wir selbst [2] konnten durch konduktometrische Partikelzählung dieses Ergebnis insofern bestätigen, als zwischen Fichtensulfit- und Buchensulfitzellstoffen die auf Grund des unterschiedlichen Filtrationsverhaltens zu erwartenden Niveauunterschiede in den Partikelzahlen gefunden wurden. Es gelang jedoch nicht, auf dieser Basis einen Viskosierbarkeits-Schnelltest zu entwickeln, da innerhalb je einer größeren Serie von Fichtensulfit- bzw. Buchensulfit-Textilzellstoffen keine gesicherte Korrelation zwischen Partikelzahl und Filterwert erhalten wurde. Anknüpfend an frühere Untersuchungen von *Kolos* und *Treiber* [3], die aus der Differenz der Partikelzahlen standardverdünnter Viskosen vor und nach Zugabe eines Peptisators den Anteil der Harzteilchen ermittelten, sowie an eigene, kürzlich publizierte Ergebnisse [4] zur Partikelzählung an EWNN-Lösungen von Celluloseregeneratfäden berichten wir im folgenden über einige Zusammenhänge zwischen dem Harzgehalt von Chemiezellstoffen und der in EWNN-Lösung mit und ohne Tensidzusatz ermittelten Partikelzahl.

[1]) Die Veröffentlichung der „Kurzen Mitteilungen" erfolgt unter alleiniger Verantwortung der Verfasser.

Versuchsmethodik

Untersucht wurde eine Reihe kommerzieller Fichtensulfit- („FiS") und Buchensulfit(„BuS")-Zellstoffe sowie ein Versuchszellstoff aus Lärche. Die Harzbestimmung erfolgte durch Extraktion mit Äthanol nach TGL 8-2013. Zur Partikelzählung wurden 0,1%ige Lösungen der Stoffe in nach [5] bereitetem EWNN eingesetzt, die wir durch 5 h Schütteln bei Raumtemperatur erhielten. Zur Teilchenzählung wurde das konduktometrische Zählgerät „ZG 1" (VEB Transformatoren- und Röntgenwerk Dresden) verwendet, das wir nach der von *Heidenreich* [6] beschriebenen Absolutmethode eichten. Mit den Leitfähigkeitswerten

$\varkappa_1 = 13{,}9 \cdot 10^{-3}\,\Omega^{-1}\,\mathrm{mm}^{-1}$ für die hier verwendete EWNN-Lösung,

$\varkappa_2 = 3{,}63 \cdot 10^{-3}\,\Omega^{-1}\,\mathrm{mm}^{-1}$ für die Inhomogenitäten in den EWNN-Zellstoff-Lösungen

ergibt sich für die 100-µm-Apertur als untere erfaßbare Teilchengröße ein Teilchendurchmesser von 5,5 µm, wobei für $\varkappa_2$ willkürlich der gleiche Wert wie für Inhomogenitäten in Viskose angenommen wurde (vgl. [5]). Sämtliche Messungen erfolgten bei 20 °C ± 0,5 grd mit der 100-µm-Apertur, wobei die Zahl der Einzelmessungen jeweils $n = 50$ betrug und der Variationskoeffizient $v \lesssim 10$ war.

Tabelle 1. Ergebnisse der Teilchenzählung an EWNN-Zellstoff-Lösungen

Zellstoff	Harz	Zahl der Partikel > 5,5 µm pro g Cellulose		Harzpartikel*)
	%	gesamt	Harzpartikel	%
Lärche	0,9	$65900 \cdot 10^3$	$23720 \cdot 10^3$	36
FiS I	0,8	$6350 \cdot 10^3$	$1715 \cdot 10^3$	27
FiS II	0,5	$4760 \cdot 10^3$	$875 \cdot 10^3$	18
FiS III	0,25	$2500 \cdot 10^3$	$175 \cdot 10^3$	7
FiS IV	0,2	$2900 \cdot 10^3$	$174 \cdot 10^3$	6
BuS I	0,5	$6900 \cdot 10^3$	$1380 \cdot 10^3$	20
BuS II	0,5	$5780 \cdot 10^3$	$925 \cdot 10^3$	16
BuS III	0,5	$7250 \cdot 10^3$	$1233 \cdot 10^3$	17

*) bezogen auf die Gesamtzahl der Teilchen

Die Zählungen wurden jeweils vor und nach Zugabe von 0,02 g „Prästabitöl" pro 100 ml Lösung vorgenommen. Dieses Tensid wurde gewählt, da es im Gegensatz zu anderen Dispergatoren in der stark alkalischen EWNN-Lösung nicht aufrahmte.

Ergebnisse

Unsere Versuchsergebnisse sind in Tabelle 1 zusammengefaßt. Eine generelle Zunahme der Zahl der Harzpartikel mit dem Extraktgehalt der Zellstoffe ist eindeutig zu erkennen, wenn auch für Stoffe gleichen Extraktgehaltes (BuS I—III) erhebliche Unterschiede in der Teilchenzahl auftreten können und für den Lärchenzellstoff bei nur geringfügig höherem Extraktgehalt die Zahl der Harzpartikel um etwa eine Zehnerpotenz höher liegt als bei allen übrigen Stoffen. Wesentlich enger scheint nach dem hier erhaltenen, begrenzten Versuchsmaterial die Korrelation zwischen Extraktgehalt des Zellstoffs und dem prozentualen Anteil der Harzteilchen an der Gesamt-Teilchenzahl zu sein, wobei für hochwertige Fichtensulfitstoffe mit normalem Extraktgehalt von 0,2 bis 0,3% dieser Anteil der Harzpartikel mit < 10% recht niedrig liegt (Bild 1). Die hier beschriebene konduktometrische Meßmethodik wird eine konventionelle Extraktbestimmung nicht ersetzen können, da letztere die Gesamtmenge der extrahierbaren Verunreinigungen ohne Rücksicht auf deren morphologische Beschaffenheit erfaßt. Sie könnte jedoch eine sinnvolle Ergänzung der konventionellen Zellstoffanalytik in allen den Fällen darstellen, bei denen diese morphologische Beschaffenheit und ihre Änderung im Verarbeitungsprozeß eine Rolle spielt, etwa bei der Auswirkung des sog. „schädlichen Harzes" auf die Papierherstellung. Hierbei wären sicher auch Untersuchungen über die Größenverteilung der Harzpartikel und deren eventuelle Änderung von Interesse.

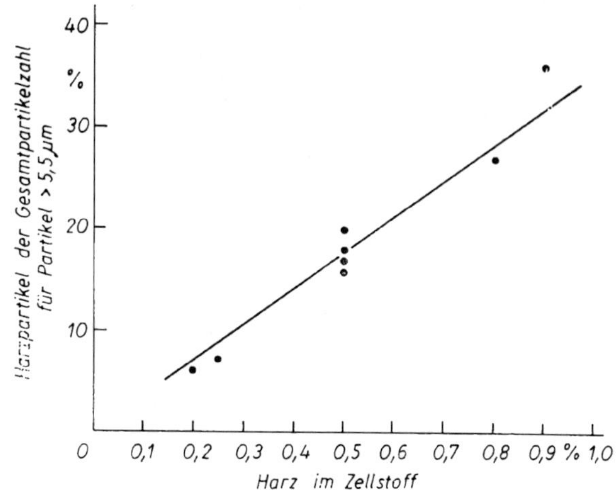

Bild 1. Zusammenhang zwischen dem Harzgehalt im Zellstoff und dem Anteil der Harzpartikel an der Gesamtpartikelzahl

Literatur

[1] *Smith, D. K., Bampton, R. F.*, und *Alexander, W. J.*, Use of new solvents for evaluating chemical cellulose for the viscose process. Ind. Engng. Chem./Proc. Design Development **2** (1963) S. 57—62.

[2] *Philipp, B.*, und *Schleicher, H.*: Beurteilung der Viskoseeignung von Zellstoffen. Papier **20** (1966) S. 77—81.

[3] *Kolos, F.*, und *Treiber, E.*: Partikelbestimmung in Viskoselösungen. Svensk Papperstidn. **64** (1961) S. 577 bis 588.

[4] *Arnold, A., Philipp, B.*, und *Schleicher, H.*: Über Zusammenhänge zwischen dem Partikelspektrum von Viskoselösungen und der Teilchenzahl von EWNN-Lösungen daraus hergestellter Celluloseregeneratfäden. Faserforsch. u. Textiltechnik **21** (1970) 9, S. 361—366.

[5] *Edelmann, K.*, und *Horn, E.*: Zur Herstellung und Anwendung der alkalischen Eisen-Weinsäure-Natrium-Komplexlösung für die viskosimetrische DP-Bestimmung der Cellulose. Faserforsch. u. Textiltechnik **9** (1958) S. 495—500.

[6] *Heidenreich, E.*: Ein Beitrag zur Analyse von Mikrokörnungen. Schrift des VEB Transformatoren- und Röntgenwerkes Dresden, 1967.

Adolf Arnold
VEB Chemiefaserkombinat Schwarza „Wilhelm Pieck",
Chemiefaserwerk „Friedrich Engels" Premnitz,

Burkart Philipp und *Harry Schleicher*
Deutsche Akademie der Wissenschaften zu Berlin,
Institut für Faserstoff-Forschung in Teltow-Seehof

Eingegangen am 17. September 1970

Neue Bücher

Texturseidenherstellung. Von einem Autorenkollektiv. Leipzig: Fachbuchverlag 1969. 240 S., Halbgewebeeinbd. M 7,30.

Das vorliegende Buch wurde von einem Autorenkollektiv gestaltet, das sich die Aufgabe stellte, eine Lehrunterlage für die Ausbildung von Facharbeitern der Texturseidenzwirnerei zu erarbeiten. Daher soll das Buch dem Lehrling ein hohes Maß an Wissen auf maschinentechnischem, chemischem und physikalischem Gebiet sowohl bei der Texturseidenherstellung als auch in den weiterverarbeitenden Produktionsstufen der Textilindustrie vermitteln. Das Buch gliedert sich in 13 Hauptabschnitte und enthält 143 Bilder. Nach einführenden Bemerkungen zur geschichtlichen Entwicklung und ökonomischen Bedeutung der Texturierung von Chemieseiden folgt die Besprechung der verschiedenen Texturierprinzipien, gegliedert in mechanisch-thermische, strömungstechnische und physikalisch-thermische Texturierverfahren. Anschließend wird auf die Herstellung von Texturseiden nach dem Falschdraht-Zwirnverfahren ausführlich eingegangen, wobei die verschiedenen Baugruppen wichtiger Falschdraht-Zwirnmaschinen, insbesondere der Falschdraht-Zwirnmaschine TK 500 aus der ČSSR, erläutert sowie Berechnungs- und Kontrollmethoden für wichtige Maschineneinstellungsparameter angegeben werden. Es folgt eine Beschreibung der Technologie und notwendigen Maschinen zur Modifizierung, Nachbearbeitung und Aufmachung sowie Veredlung der Texturseiden. Weiterhin enthält das Buch Ausführungen über Prüfmethoden zur Erfassung charakteristischer Eigenschaften der Texturseiden, über betriebliche Kontrollmethoden zur Gütesicherung und Probleme beim Verarbeiten der Texturseiden auf Wirk-, Strick- und Webmaschinen. Auch Fragen des Gesundheits- und Arbeitsschutzes in der Texturseidenzwirnerei werden angesprochen.

Es ist durchaus positiv zu werten, daß ein solches Lehrbuch geschaffen wurde, das nicht nur für die Facharbeiterausbildung, sondern auch für die ingenieurtechnische Grundausbildung geeignet sein dürfte. Durch Verwendung von Schemazeichnungen von Maschinenelementen, Ansichten von Maschinen oder Baugruppen und Diagrammdarstellungen ist es in den meisten Abschnitten gelungen, das Verstehen des Textes und die Vorstellung von den praktischen Bedingungen zu erleichtern (allerdings wären bei den Schemazeichnungen eine einheitliche Darstellungsweise und bei vielen Halbtonbildwiedergaben eine bessere Bildqualität zu wünschen). Leider wurde in den Abschnitten „Textile Untersuchungen der Texturseide" und „Qualitätskontrolle in der Texturseidenzwirnerei" viel zu wenig von diesen Hilfsmitteln Gebrauch gemacht, so daß der unerfahrene Leser bei der knappen Darstellung gewisse Schwierigkeiten beim Gewinnen eines ausreichenden Vorstellungsvermögens und Überblickes haben wird.

Zweifellos ist die kollektive Arbeit die einzige Möglichkeit, in relativ kurzer Zeit eine zusammenhängende Darstellung der Texturseidenherstellung zu veröffentlichen, die sowohl die konstruktiven als auch technologischen Belange ausreichend berücksichtigt. Leider ist es aber bei dem vorliegenden Buch nicht gelungen, die Einzelleistungen zu einer echten Einheit zusammenzuschweißen. Schon in der Ausdrucksweise und Exaktheit der Darstellung sind die unterschiedlichen Handschriften zu erkennen. Hinzu kommt, daß zwei- und mehrfache Wiederholungen keine Seltenheit sind, wobei teilweise verschiedene, manchmal sogar widersprechende Aussagen getroffen werden. Folgende Beispiele sollen dies belegen: Im Abschnitt 3.1.2 wird bereits über „Falschdraht-Zwirnverfahren" mit Schemazeichnungen berichtet, dies wird im Abschnitt 6.4.1 „Prinzipielles zur Drehungsgebung und Rückdrehung" im wesentlichen wiederholt; das gleiche beobachtet man beim Vergleich der Abschnitte 3.1.3 „Modifizierte Falschdraht-Zwirnverfahren" und Abschnitt 7 "Modifizieren der Texturseiden". Weiterhin wird im Abschnitt 6.1.2.6 und 6.4.4 die „Überlieferung" berechnet, wobei verschiedene, sich gegenseitig ausschließende Formeln verwendet werden; oder im Abschnitt 6.4.1.3 wird durch ein Diagramm der funktionale Zusammenhang zwischen Einzwirnung und effektiver Drehung veranschaulicht, während im Abschnitt 11.2.2 auf einen *exakten* Zusammenhang zwischen Einzwirnung und theoretischer Zwirndrehung hingewiesen wird; die „Kontrolle technischer Parameter" erscheint sowohl im Hauptabschnitt 6 als auch 11, usw.

Bei einer zweiten überarbeiteten Fassung sollten derartige Mängel beseitigt werden. Dadurch würde gleichzeitig eine beachtliche Seitenkapazität gewonnen, um in dem einen oder anderen Fall zu konkreteren Ausführungen zu gelangen. Zur Untermauerung des Gesagten soll hier der Abschnitt „Textile Untersuchungen", der zweckmäßigerweise als ein Teil der „Qualitätskontrolle in der Texturseidenzwirnerei" erscheinen sollte, wiederum als Beispiel genannt werden: Wenngleich gegenwärtig noch keine TGL-Vorschrift zur Prüfung von Texturseiden existiert, so sollten doch die Nummern der TGL-Entwürfe genannt werden und deren Inhalte die Grundlage für die Ausführungen im Lehrbuch sein. Außerdem erscheint es für ein Lehrbuch zweckmäßig, die bestehenden Zusammenhänge zwischen Prüfbedingungen und Meßwert zu analysieren und zu begründen, damit vom Lernenden die im TGL-Blatt getroffenen Festlegungen verstanden werden. Analog wäre bei Prüfmethoden zu verfahren, die nicht im TGL-Entwurf enthalten sind.

Es ist sehr zu wünschen, daß diese kritischen Bemerkungen bei einem überarbeiteten Nachdruck eine Hebung des wissenschaftlichen und pädagogisch-methodischen Niveaus anregen. Außerdem wäre bei einem Nachdruck zu überlegen, ob durch einen einschränkenden Untertitel auf die bevorzugte Behandlung des Falschdraht-Zwirnverfahrens hingewiesen werden sollte, denn zu allen anderen Texturierverfahren wird durch dieses Lehrbuch lediglich ein grundlegender Überblick über das Verfahrensprinzip, nichts aber über maschinentechnische und technologische Besonderheiten vermittelt. *A. Mally*

Testing of Polymers. Vol. 4. Hgg. von *W. E. Brown.* New York/London/Sydney/Toronto: Interscience Publ. 1969. VI, 480 S., Lwd. 211 s.

Der vorliegende Band 4 der „Prüfung von Polymeren" enthält wiederum eine Reihe in sich abgeschlossener Beiträge verschiedener Autoren. Vorwiegend befassen sie sich mit der Theorie und Praxis der Messung von Polymereigenschaften, die nicht durch einfache Beobachtung zugänglich sind. Besonderer Wert wurde dabei auf die den Ingenieur interessierenden Eigenschaften gelegt.

Auf 72 Seiten behandelt *S. Turner* die „Deformationsdaten für die ingenieurmäßige Anwendung". In einer theoretischen Fundierung für ein Prüfschema geht er zunächst auf die Grundgleichung der Viskoselastizität, die Definition des Moduls, das Superpositionsprinzip und die nichtlineare Viskoelastizität ein. Einen weiteren Abschnitt widmet er den experimentellen Methoden und Ergebnissen, so der phänomenologischen Behandlung des Deformationsverhaltens, dem komplexen Modul, dem Kriechen und der Spannungsrelaxation. Mit Vorschlägen für ein Prüfprogramm, der Anwendung viskoelastischer Daten im Ingenieurwesen und 70 Literaturangaben schließt dieses Kapitel.

Von *D. A. Thomas* und *S. Turner* wird auf 48 Seiten die „Experimentelle Technik der Kriechprüfung bei einachsiger Zugbeanspruchung" beschrieben. Die Verfasser gehen sehr ausführlich auf die an die Prüfmaschine und ihre Installation zu stellenden Forderungen, die Eichung, die verschiedenen Arten für die praktischen Experimente und die möglichen Prüfprogramme ein, ebenso auf die Vorbereitung und das Einspannen der Prüflinge sowie die Dehnungsmessung. Das Kapitel endet mit 8 Literaturzitaten.

Der „Vorhersagetechnik für das mechanische und chemische Verhalten" widmet *S. Goldfein* 78 Seiten. Im theoretischen Teil leitet er die „mechanisch-chemische Zustandsgleichung" ab, wobei er von der *Arrhenius*-Gleichung ausgeht und die abgeleitete Beziehung nicht nur auf den Einfluß von Temperatur und Verformungsdauer beim Kriechen und Reißen, sondern auch auf den chemischen und thermischen Abbau anwendet. Die angegebenen 26 Literaturstellen unterstreichen die Wichtigkeit der Vorhersagetechnik.

Das folgende, von *R. E. Morris* geschriebene Kapitel behandelt auf nur 14 Seiten die „Entwicklung von Gummi/Metall-Federungselementen auf Grund von Prüfungen an Modellen". Hierzu leitet er Ähnlichkeitsgesetze ab und beweist sie durch Untersuchungen an Elementen verschiedener Größe (11 Literaturstellen).

J. J. Bikerman geht auf 23 Seiten auf die „Adhäsionsprüfung von Polymeren" ein. Er erläutert die möglichen Prüfverfahren für die Beurteilung von Klebstoffen für polymere Festkörper (18 Literaturzitate).

Die „Ermüdung von Polymeren" behandelt *E. H. Andrews* auf 60 Seiten. Nach einleitenden Betrachtungen über grundsätzliche Fragen der Ermüdung, Ermüdungsprüfung und Lebensdauer wird auf den Bruch durch Kriechdeformation, durch Erwärmung und durch Rißausbreitung eingegangen. Mit einigen allgemeinen Bemerkungen über den Entwurf von Ermüdungsexperimenten und 31 Literaturzitaten endet das Kapitel.

Sehr ausführlich befaßt sich *I. M. Daniel* mit dem Thema „Theoretische Spannungsanalyse" auf 81 Seiten. Den mathematisch fundierten Definitionen der Spannung und der Dehnung folgen die Theorie der Elastizität, die Analyse elastischer und plastischer Spannungen sowie der linearen Viskoelastizität, Anwendungen auf einige viskoelastische Probleme sowie ein Abschnitt über die nichtlineare Viskoelastizität. Das Kapitel beschließen Hinweise auf 13 Bücher und 64 Veröffentlichungen in Zeitschriften.

Auf nur 19 Seiten beschreibt *C. R. Caryl* die „Methoden der Freibewetterung". Im einzelnen wird auf Wetter, Wetterelemente, Lichtmengen-Meßgeräte, Bewetterungsgestelle, Bewetterungsbedingungen, Verfahren zur Beschleunigung und die Dauer der Bewetterung eingegangen. Schließlich werden außer je 7 Büchern und Zeitschriftenveröffentlichungen eine Reihe ausgewählter amerikanischer, britischer und deutscher Prüfstandards angegeben.

Der „Messung der Zugeigenschaften von Polymeren" widmet *W. D. Harris* 33 Seiten. Das Kapitel umfaßt die Theorie der Zugprüfung, die Einrichtungen und Verfahren sowie eine Liste der Prüfmaschinenhersteller aus den USA, Japan und der BRD (25 Literaturzitate). Wie schon die anderen Bände endet auch Band 4 mit einer Liste der in diesem Band verwendeten Symbole (15 Seiten), einer Umrechnungstabelle von englischen in metrische Einheiten (2 Seiten), einer Berichtigung für die Bände 1 bis 3 (1 Seite), je einem Autoren- und Sachverzeichnis und je einem die Bände 1 bis 4 berücksichtigenden Autoren- und Sachverzeichnis.

Ebenso wie die anderen Bände enthalten die einzelnen Kapitel neuere Forschungsergebnisse, deren Studium dem Fachmann empfohlen werden kann. Leider ist, insbesondere im ersten Kapitel, eine Reihe von Druckfehlern enthalten. Da es sich aber vorwiegend um Verwechslungen in den Formelzeichen handelt, fallen diese Fehler dem Fachmann sofort auf und beeinträchtigen den Wert des Buches nicht wesentlich.

F. Winkler

Patentschau

Auszug aus der Lieferung 13/14/1970 der Patentschau „Faserstoffe und Textiltechnik", Ausgabe A: Faserstoffe einschl. Kunststoffe und organ. Grundsubstanzen, zusammengestellt von der Abteilung Wissenschaftliches Berichtswesen des Instituts für Faserstoff-Forschung der DAW, 153 Teltow-Seehof, Kantstr. 55

Die Patentschau ist nach der **Internationalen Patentklassifikation** (IPC) gegliedert. Es bedeuten: DDP = DDR-Patent; DBP = Deutsches Bundespatent; DAS = (West)-Deutsche Auslegeschrift; DOS = (West)-Deutsche Offenlegungsschrift; OeP = Österreichisches Patent; PoP = Polnisches Patent; SzP = Schweizer Patent; FrP = Französisches Patent; GBP = Britisches Patent; JaP = Japanisches Patent; SvP = Schwedisches Patent; SUP = Sowjetisches Patent; ČSP = Tschechoslowakisches Patent; USP = Amerikanisches Patent; A = Anmeldedatum, B = Tag der Ausgabe der Patent-, Offenlegungs- bzw. Auslegeschrift.

Klasse B 65. Transport, Verpackung und Lagerung

Klasse B 65h. Handhabung von flachem und faserförmigem Material, z. B. Platten, Netzen, Seilen

ČSP 135432. Mechanischer Verschluß zur Sicherung von Aufspulelementen. Erf.: *Rudolf Csiba*. A. 23. 5. 68, B. 31. 7. 69. Kl.: 47k, 5/10, Int. Kl.: B 65h. A.-Z.: 3769 – 68.

Sektion C. Chemie und Metallurgie

Gruppe C 03b 37/00. Herstellen oder Behandeln von Flocken, Fasern oder Fäden aus zähflüssigem Glas, zähflüssigen Mineralien oder Schlacken

DDP 71343. Glasstapelfaserkörper mit gitterförmig angeordneten Verstärkungen und Verfahren zur Herstellung desselben. Erf. u. Inh.: *Werner Hugo Wilhelm Schuller* (DB). A. 23. 9. 68, B. 20. 2. 70. Kl.: 32a, 37/00. A.-Z. AP 32a/134947. Pior.: 25. 9. 67 (Ca; A.-Z.: 000924).

JaP 21499/69. Apparatur zum Behandeln optischer Fäden. Inh.: Okamura, S. A. 24. 9. 65, B. 13. 9. 69. Kl.: 42E. A.-Z.: 58473/65.

SUP 264637 (Urheberschein). Vorrichtung zur Herstellung von Fäden aus anorganischen Schmelzen. Erf.: *R. N. Kibardin, V. V. Ulybyšev* u. *M. M. Chudjakov*. A. 27. 6. 68, B. 3. 3. 70. Kl.: 32a, 37/06. A.-Z.: 1253731/28 – 12.

Gruppe C 03c 25/00. Oberflächenbehandlung von Fasern oder Fäden aus Glas, Mineralien oder Schlacke

SUP 265369 (Urheberschein). Präparationsmittel für Glasfaserstoff. Erf.: *L. V. Golosova* u. *K. S. Zacepin*. A. 24. 9. 68, B. 9. 3. 70. Kl.: 29b, 5/01. A.-Z.: 1271436/23 – 5.

Gruppe C 07d 41/00. Heterocyclische Verbindungen mit einem oder mehreren Ring(en), von denen jeder aus einem Stickstoffatom und mehr als fünf Kohlenstoffatomen besteht

DOS 1545850. Verfahren zur Herstellung von Lactamen. Erf.: *Hans-Helmut Schwarz, Otto Immel* u. *Hermann Schnell*. Anm.: Farbenfabriken Bayer AG, 5090 Leverkusen. A. 27. 8. 65, O. 27. 11. 69. Kl.: 12p, 5. A.-Z.: P 1545850 (F 47012).

Gruppe C 07c 63/00. Aromatische Carbonsäuren; araliphatische Carbonsäuren, deren Anhydride oder Halogenide

DOS 1468723. Verfahren zur Reinigung von Terephthalsäure. Erf.: *Kenji Nukushina, Atsushi Osakada* u. *Seikichi Matsuhisa*. Anm.: Toyo Rayon Kabushiki Kaisha, Tokio (Ja.). A. 7. 3. 62, O. 20. 11. 69. Kl.: 12o, 14. A.-Z.: 1468723 (T 21711). Prior.: 9. 3. 61 (Ja; A.-Z.: 7835 – 61, 7836 – 61).

Gruppe C 07c 69/00. Ester von Carbonsäuren; Ester von Kohlensäure

JaP 29054/69. *Bis*(β-hydroxyäthyl)terephthalat. Inh.: Showa Denko Co. Ltd. A. 26. 7. 65, B. 27. 11. 69. Kl.: 16c. A.-Z.: 44823/65.

USP 3496220 Zus. z. Pat. m. A.-Z.: 540072. A. 4. 4. 66. Veresterungsverfahren. Erf.: *William H. McCarty, Harry R. Nettleton* u. *Robert W. Stevenson*. Inh.: Mobil Oil Corp. A. 28. 10. 66, B. 17. 2. 70. Kl.: 260 – 475, Int. Kl.: C 07c 69/82 u. C 08g 17/04. 10 Anspr. A.-Z.: 590338. A.-Z.: 540072 u. 590338 entspr. SzP 478748, FrP 1538347 u. GBP 1116137.

Gruppe C 07c 57/00. Acyclische ungesättigte Carbonsäuren (acyclische Hydroxy-, Aldehyd- oder Keto-Carbonsäuren 59/00)

FrP 2009950. Verfahren zur Herstellung von Acrylsäure. Inh.: Rikagaku Kenkyusho. A. 13. 5. 69, B. 3. 4. 70. Int. Kl.: C 07c 51/00, B 01j 11/00 u. C 07c 57/00. A.-Z.: 6915462. Prior.: 13. 5. 68 u. 6. 12. 68 (Ja; A.-Z.: 32102 u. 89358). A.-Z.: 32102 entspr. DOS 1924496.

Klasse C 08. Makromolekulare Verbindungen; ihre Herstellung und chemische Verarbeitung; auf diesen Verbindungen beruhende Gemische

Klasse C 08b. Polysaccharide und deren Derivate

Gruppe C 08b 9/00. Cellulosexanthogenat; Viskose

FrP 2009286. Verfahren zur Herstellung von Viskose. Inh.: Oy Keskuslaboratorio — Centrallaboratorium Ab. A. 23. 5. 69, B. 20. 3. 70. Int. Kl.: C 08b 9/00. A.-Z.: 6917019. Prior.: 24. 5. 68 u. 17. 7. 68 (Fi; A.-Z.: 1466/68 u. 2036/68).

JaP 29078/69. Organolösliche Cyanoäthylcellulose. Inh.: Kurashiki Rayon Co. A. 3. 3. 65, B. 27. 11. 69. Kl.: 26F. A.-Z.: 12280/65.

Klasse C 08d. Synthesekautschuk

DDP 70749. Verfahren zum Imprägnieren von Reifengleitschutz. Erf. u. Inh.: *Horst Müller* u. *Dieter Etzold*. A. 21. 8. 68, B. 5. 1. 70. Kl.: 39b, 5/18. A.-Z.: WP 39b/134287.

JaP 7000259-R. Kleben von Fäden an Kautschuk. Inh.: Toyo Rayon Co. A. 30. 5. 64, B. 7. 1. 70. A.-Z.: 30314/64.

JaP 7000260-R. Stabilisierung der Klebeeigenschaften von Fäden an Kautschuk. Inh.: Toyo Rayon Co. A. 8. 3. 65, B. 7. 1. 70. A.-Z.: 13042/65.

Klasse C 08f. Polymerisationsprodukte

DOS 1923542. Vorrichtung zur Polymerisation und Mischpolymerisation von Olefinen. Erf.: *André Closon*. Anm.: Solvay & Cie. Soc. An., Brüssel (Be). A. 8. 5. 69, O. 20. 11. 69. Kl.: 39b 4, 1/98. A.-Z.: P 1923542. Prior.: 14. 5. 68 (Fr; A.-Z.: 152123).

SzP 487940. Verfahren zum Konzentrieren wäßriger Polytetrafluoräthylenemulsionen. Erf.: *Mario Ragazzini, Alberto Caimi, Conato Carcano* u. *Giovanni Groppelli*. Inh.: Montecatini Edison S. p. A., Foro Buonoparte 31, Mailand (It). A. 3. 5. 67. Int. Kl.: C 08f 1/88. A.-Z.: 6281/67. Prior.: 4. 5. 66 (It; A.-Z.: 10134/66). Entspr. FrP 1521275.

SzP 488751. Verfahren zur Polymerisation von mindestens zum Teil aus Vinylchlorid bestehendem Monomer. Erf.: *Sergio Monaco, Corrado Mazzolini, Mestre Luggi Patron* u. *Alberto Moretti*. Inh.: Chatillon Soc. An. Italiana per le Fibre Tessili Artificiali S. p. A., Mailand (It). A. 25. 9. 67. Int. Kl.: C 08f 1/62, 3/30. A.-Z.: 13345/67. Prior.: 24. 9. 66 (It; A.-Z.: 21994/66). Entspr. FrP 1537528.

FrP 2009635. Verfahren und Vorrichtung zur Realisierung von Dimerisierungs- und Polymerisierungsreaktionen mit Hilfe eines Amalgams. Inh.: Solvay & Cie. A. 23. 5. 69, B. 27. 3. 70. Int. Kl.: C 08f 1/00 u. C 07c 121/00. A.-Z.: 6917134. Prior.: 30. 5. 68 (Be; A.-Z.: 59055).

FrP 2010345. Verfahren zur Polymerisation von Vinylchlorid. Inh.: Solvay & Cie. A. 4. 6. 69, B. 3. 4. 70. Int. Kl.: C 08f 1/00, 3/00 u. 15/00. A.-Z.: 6918457. Prior.: 7. 6. 68 (Lu; A.-Z.: 56220).

GBP 1184360. Katalytische chemische Verfahren. Inh.: Celanese Corp. A. 14. 11. 67, B. 18. 3. 70. Kl.: C 3. P, Int. Kl.: C 08f 1/62. A.-Z.: 51705/67.

GBP 1186835. Peroxydische Homo- oder Copolymerisation von Vinylmonomeren. Inh.: Koninklijke Industrieele Maatschappij Noury & van der Lande N. V. A. 24. 6. 68, B. 8. 4. 70. Kl.: C 3. P, Int. Kl.: C 08f 1/60. A.-Z.: 30040/68. Prior.: 29. 8. 67 (Nd; A.-Z.: 6711825).

JaP 21337/69. Katalysator. Inh.: Mitsubishi Yuka K. K. A. 27. 4. 65, B. 11. 9. 69. A.-Z.: 24656/65. Entspr. DAS 1301528 u. GBP 1092390.

SUP 262388 (Urheberschein). Verfahren zum Regulieren von Polymerisationsvorgängen. Erf.: *D. Ju. Brodov*. Inh.: Vsesojuznyj naučno-issledovatel'skij Institut sintetičeskogo Kaučuka Im. Akad. S. V. Lebedeva. A. 8. 2. 66, B. 26. 1. 70. Kl.: 39c, 25/01 (39c, 25/05). A.-Z.: 1057240/23 – 5.

SUP 264690 (Urheberschein). Verfahren zum Reinigen von Polymerstoffen. Erf.: *A. V. Time, V. G. Ušakov, G. A. Martinovskij* u. *V. V. Papko*. A. 6. 1. 69, B. 3. 3. 70. Kl.: 39c, 25/01 (39c, 25/05). A.-Z.: 1295800/23 – 5.

USP 3432513. Olefinpolymerisationsverfahren zur Herstellung von hoch isotaktischen Polymeren. Erf.: *Donald B. Miller, Gifford G. McClaflin, Wayne R. Sorenson* u. *Homer L. Hackett*. Inh.: Continental Oil Co., Ponca City, Okla. A. 12. 2. 64, B. 11. 3. 69. Kl.: 260 – 93,7, Int. Kl.: C 08f 1/56. 3 Anspr. A.-Z.: 344193. Entspr. FrP 1425600 u. GBP 1065607.

USP 3496156 Zus. z. Pat. m. A.-Z.: 400552. A. 30. 9. 64. Verfahren zur Reinigung von Polyolefinen. Erf.: *Luciano Luciani* u. *Piero Manaresi*. Inh.: Montecatini Edison S. p. A., Mailand (It). A. 4. 1. 68, B. 17. 2. 70. Kl.: 260 – 93,7, Int. Kl.: C 08f 1/88. 11 Anspr. A.-Z.: 698375. Prior.: 2. 10. 63 (It; A.-Z.: 20159/63 u. 706050). Entspr. DAS 1301520, FrP 1410548 u. GBP 1018328.

USP 3496157 Zus. z. Pat. m. A.-Z.: 242624. A. 6. 12. 62. Zweistufiges Verfahren zur Herstellung von hochmolekularem, hochkristallinem Polyäthylen. Erf.: *Enrico Cernia, Arturo Rio* u. *Natale Ercoli Malacari*. Inh.: Societa Asfalti Bitumi Cementi e Derivati, S. p. A., Rom (It). A. 24. 10. 66, B. 17. 2. 70. Kl.: 260 – 94,9, Int. Kl.: C 08f 1/11, 1/60, 3/04. 6 Anspr. A.-Z.: 588765. Prior.: 9. 12. 61 u. 14. 11. 62 (It; A.-Z.: 22009/61, 22103/62, 22104/62, 22105/62). A.-Z.: 22009 entspr. DOS 1495022. Entspr. SzP 454464 u. GBP 1031754.

DOS 1495692. Verfahren zur Herstellung von Polymerisaten aus offenkettigen N-Vinylamiden. Erf.: *Dieter Ulmschneider, Claus Beermann, Herbert Bestian* u. *Wilhelm Bartmann*. Anm.: Farbwerke Hoechst AG vorm. Meister Lucius & Brüning, 6230 Frankfurt-Höchst. A. 18. 8. 62, O. 27. 11. 69. Kl.: 39b 4, 3/90. A.-Z.: P 1495692 (F 37621). Entspr. FrP 1366467 u. GBP 1044956.

DOS 1520185. Verfahren zur Herstellung von Vinylchloridpolymeren oder -copolymeren sowie nach diesem Verfahren erhaltene Vinylchloridpolymer- oder -copolymermassen. Erf.: *Yusushi Toyoda* u. *Kunizo Kido*. Anm.: Kureha Chemical Industry Co. Ltd., Tokio (Ja). A. 15. 11. 63, O. 13. 11. 69. Kl.: 39b 4, 3/30. A.-Z.: P 1520185 (K 51379). Prior.: 22. 4. 63 (Ja; A.-Z.: 21146 – 63).

DOS 1520232. Verfahren zur Polymerisation von Isobutylen zu Polyisobutylen. Erf.: *Francesco Gasparoni* u. *Carlo Longiare*. Anm.: Montecatini Soc. Gen. per l'Industria, Mailand (It). A. 19. 6. 61, O. 13. 11. 69. Kl.: 39b 4, 3/14. A.-Z.: P 1520232 (M 49384). Prior.: 24. 6. 60 (It; A.-Z.: 11262 – 60).

DOS 1916942. Verfahren zur Polymerisation von Vinylchlorid. Erf.: *Corrado Mazzolini, Sergio Lo Monaco, Luigi Patron, Alberto Moretti* u. *Marcello, Di. Ciolo*. Anm.: Chatillon Soc. An. Italiana per le Fibre Tessili Artificiali S. p. A., Mailand (It). A. 2. 4. 69. O. 6. 11. 69. Kl.: 39b 4, 3/30. A.-Z.: P 1916942. Prior.: 3. 4. 68 u. 6. 5. 68 (It; A.-Z.: 14761 A-68, 16142 A-68). Entspr. FrP 2007375.

OeP 282940. Verfahren zur Herstellung synthetischer Polyvinylchloridlatices mit Teilchen von vorbestimmtem Durchmesser. Erf.: *Antonio Ferri, Giorgio Gatta, Giovanni Benetta* u. *Gian P. Talamini*. Inh.: Montecatini Edison S. p. A., Mailand (It). A. 6. 7. 67, B. 15. 11. 69. Kl.: 39b, 14. A.-Z.: 6337/67. Prior.: 7. 7. 66 (It).

SzP 487941. Verfahren zur kontinuierlichen Herstellung von Homo- oder Copolymeren von Vinylchlorid. Erf.: *Giancarlo Borsini, Luigi Ciligot Magagnin, Paolo Melacini, Sergio Lo Monaco* u. *Francesco Visani*. Inh.: Montecatini Edison S. p. A., Foro Buonaparte 31; Applicazioni Chimiche S. p. A., Foro Buonaparte 16, Mailand (It). A. 16. 12. 66, Int. Kl.: C 08f 3/30, 15/00, 1/58. A.-Z.: 18040/66. Prior.: 17. 12. 65 (It; A.-Z.: 28027/65). Entspr. DDP 58600, FrP 1505061, GBP 1163605 u. USP 3476727.

JaP 21336/69. Polymerisation von Äthylen. Inh.: Idemitsu Kosan K. K. A. 16. 4. 65, B. 11. 9. 69. A.-Z.: 22152/65.

JaP 22421/69. Fluoreszierend gebleichtes Polymeres. Inh.: Dainichi Seika Ind. Co. Ltd. A. 22. 12. 64, B. 25. 9. 69. A.-Z.: 72016/64. Entspr. FrP 1473954 u. GBP 1141147.

SUP 265442 (Urheberschein). Verfahren zur Herstellung von Polythiocarbonylfluorid. Erf.: *V. A. Gubanov, Ju. S. Varšavskij, I. M. Dolgopol'skij* u. *E. B. Bretcke*. A. 19. 9. 68, B. 9. 3. 70. Kl.: 39c, 25/01. A.-Z.: 1272939/23 – 5.

SUP 265443 (Urheberschein). Verfahren zur Herstellung von Polymeren bzw. Copolymeren des Isobutylens. Erf.: *I. A. Livšic, D. I. Šlifer, G. V. Kovaleva* u. *N. V. Soustova*. A. 31. 12. 68, B. 9. 3. 70. Kl.: 39c, 25/01. A.-Z.: 1293445/23 – 5.

CSP 135178. Abbrecher für die Niedertemperaturpolymerisation oder Copolymerisation von Vinylchlorid. Erf.: *Giancarlo Borsini, Carlo Nicora* u. *Lorenzo Ratti*. A. 16. 3. 66, B. 31. 7. 69. Kl.: 39c, 25/01, Int. Kl.: C 08f. A.-Z.: 1779/66. Prior.: 17. 3. 65 (It).

DDP 71621. Verfahren zur Herstellung von Homo- und Mischpolymerisaten aus Diolefinen und Mischpolymerisaten aus Di- und Monoolefinen. Erf. u. Inh.: *Kurt Issleib* u. *Jürgen Kerrinnes*. A. 10. 4. 68, B. 5. 3. 70. Kl.: 39c, 25/01. A.-Z.: WP 39c/131392.

DOS 1520350. Elastomere Produkte und Verfahren zu ihrer Herstellung. Erf.: *Guido Sartori, Vittorio Turba* u. *Nazareno Cameli*. Anm.: Montecatini Edison S. p. A., Mailand (It). A. 23. 11. 63, O. 27 11. 69. Kl.: 39b 4, 15/00. A.-Z.: P 1520350 (M 59018). Prior.: 26. 11. 62 (It; A.-Z.: 23127 – 61). Entspr. FrP 1381624 u. GBP 1033010.

DOS 1545014. Verfahren zur Herstellung von Mischpolymerisaten. Erf.: *Hiroshi Watanabe, Junji Hara* u. *Shinji Ito*. Anm.: Toyo Koatsu Industries Inc., Tokio (Ja). A. 20. 12. 63, O. 20. 11. 69. Kl.: 39b 4, 15/02. A.-Z.: P 1545014 (T 25315). Prior.: 27. 12. 62 (Ja; A.-T.: 57050 – 62). Entspr. FrP 1416335 u. GBP 1035339.

DOS 1570407. Verfahren zur Herstellung der wäßrigen Lösung eines Flokkungsmittels hohen Molekulargewichtes vom Polyakrylamid-Typ. Erf.: *Bela Galgoczi, Laszlo Demeter, Istvan Zagyvai, Laszlo Soltesz, Laszlo Sommer, Marton Hercsel* u. *Lajos Raab*. Anm.: Chemolimpex Magyar Vegyiaru Külkereskedelmi Vllalat, Budapest (Un). A. 17. 12. 65, O. 27. 11. 69. Kl.: 39b 4, 15/02. A.-Z.: P 1570407 (C 37708). Prior.: 12, 12. 64. (Un; A.-Z.: BA-1802). Entspr. FrP 1460347.

DOS 1916489. Verfahren zum Herstellen von chlorierten Co-Telomeren. Erf.: *David Vofsi* u. *Meir Asscher*. Anm.: Produits Chimiques Pechiney-Saint-Gobain S. A., Neuilly-sur-Seine (Fr). A. 31. 3. 69, O. 13. 11. 69. Kl.: 39b 4, 15/08. A.-Z.: P 1916489. Prior.: 1. 4. 68 (Is; A.-Z.: 29736). Entspr. FrP 2005255.

SUP 262387 (Urheberschein). Verfahren zur Herstellung von Copolymeren des Äthylens. Erf.: *N. M. Čirkov, G. P. Belov, Ch.-M. A. Brikenštejn, P. E. Matkovskij, L. N. Raspopov, V. N. Belova, M. P. Gerasina, L. N. Russijan* u. *D. M. Lisicyn*. Inh.: Filial Instituta chimičeskoj Fiziki AN SSSR. A. 17. 8. 68, B. 26. 1. 70. Kl.: 39c, 25/01. A.-Z.: 1267390/23 – 5.

DOS 1495795. Copolymerisation von α-Olefinen mit Arylalkenen. Erf.: *Manfred Feldhoff* u. *Albert Gumboldt*. Anm.: Farbwerke Hoechst AG Meister Lucius & Brüning, 6230 Frankfurt-Höchst. A. 25. 4. 64, O. 13. 11. 69. Kl.: 39b 4, 19/00. A.-Z.: P 1495795 (F 42724). Entspr. FrP 1433732 u. GBP 1090750.

USP 3432458. Eingedickte, polymerisierbare Kompositionen ungesättigter Polyesterharze und damit imprägnierte Faserstoffe. Erf.: *Fred K. C. Kwan, Richard C. Ross* u. *Glenn R. Svoboda*, Inh.: Freeman Chemical Corp., Port Washington, Wis. A. 23. 10. 67, B. 11. 3. 69. Kl.: 260 – 33,4, Int. Kl.: C 08f 21/02, 45/34 u. 45/10. 7 Anspr. A.-Z.: 677246.

DOS 1495694. Verfahren zur Herstellung von Polymerisaten des Vinylchlorids. Erf.: *Dietrich Hardt* u. *Herbert Bartl*. Anm.: Farbenfabriken Bayer AG, 5090 Leverkusen. A. 4. 9. 62, O. 27. 11. 69. Kl.: 39b 4, 27/00. A.-Z.: P 1495694 (F 37742). Entspr. FrP 1373236, GBP 1024324 u. USP 3358054.

DOS 1495768. Verfahren zur Chlormethylierung von hochmolekularen, aromatischen Verbindungen. Erf.: *Herbert Corte* u. *Otto Netz*. Anm.: Farbenfabriken Bayer AG, 5090 Leverkusen. A. 27. 12. 63, O. 13. 11. 69. Kl.: 39b 4, 27/00. A.-Z.: P 1495768 (F 41641). Entspr. FrP 1420049, GBP 1022520 u. USP 3297648.

SzP 490430. Verfahren zur Herstellung von chloriertem Polyvinylchlorid aus bestimmtem Polyvinylchlorid. Erf.: *Robert de Coene* u. *Lucien Plumet*. Inh.: Solvay & Cie. (Sic. An.), 33, rue de Prince Albert, Brüssel (Be). A. 19. 12. 68. Int. Kl.: C 08f 27/02. A.-Z.: 18980/68. Prior.: 23. 1. 68 (Nd; A.-Z.: 6800992). Entspr. FrP 2000575.

GBP 1183862. Polyalkylene. Inh.: Standard Oil Co. A. 24. 4. 67, B. 11. 3. 70. Kl.: C 3. P, Int. Kl.: C 08f 27/24. A.-Z.: 18783/67. Prior.: 26. 4. 66 (US; A.-Z.: 545240). Entspr. FrP 1521017.

ČSP 135188. Verfahren zur Pyrolyse von Copolymeren des Äthylens und von Vinylestern. Erf.: *Pieter van Saane* u. *Johannes Marie Frielink*. A. 7. 5. 66, B. 31. 7. 69. Kl.: 39c, 25/01, Int. Kl.: C 08f. A.-Z.: 3093 – 66. Prior.: 7. 5. 65 (Nd).

OeP 282942. Gemische auf Basis von Vinylchloridpolymeren. Erf.: *Antonio Ferri, Egidio Cerri* u. *Bruno Pozzer*. Inh.: Montacatini Edison S. p. A., Mailand (It). A. 16. 1. 68, B. 15. 11. 69. Kl.: 39b, 14. A.-Z.: 451/68. Prior.: 17. 1. 67 (It).

JaP 26180/69. Stabilisatoren für Polyolefine. Inh.: Sankyo Co. Ltd. A. 15. 7. 66, B. 4. 11. 69. A.-Z.: 46349/66. Entspr. FrP 1531849, S. 740/68 u. USP 3436369.

JaP 26181/69. Stabilisatoren für Polyolefine. Inh.: Sankyo Co. Ltd. A. 31. 8. 66, B. 4. 11. 69. A.-Z.: 57420/66. Entspr. SzP 484955, FrP 1535294, GBP 1145470 u. USP 3448074.

USP 3496128. Stabilisierung von Polypropylen. Erf.: *John A. Casey, James L. Jezl* u. *Louise D. Huague*. Inh.: Avisum Corp., Philadelphia, Pa. A. 5. 2. 59, B. 17. 2. 70. Kl.: 260 – 23, Int. Kl.: C 08f 45/58. 26 Anspr. A.-Z.: 791251. Entspr. DAS 1234023.

SzP 490435. Verfahren zum Stabilisieren von Halogen enthaltenden Polymeren oder Copolymeren. Erf.: *Arnold Schroeder* u. *Paulus Gerhardus Johannes Nieuwenhuis*. Inh.: Koninklijke Industrieele Maatschappij Noury & van der Lande N. V., Brink 13, Devenber (Nd). A. 31. 10. 67. Int. Kl.: C 08f 45/62. A.-Z.: 15229/67. Prior.: 9. 11. 66 (Nd; A.-Z.: 6615781).

DDP 70985. Verfahren zum Stabilisieren von Lösungen von chlorhaltigen Copolymeren des Acrylnitrils. Erf. u. Inh.: *Martin Dunke*. A. 28. 10. 68, B. 20. 1. 70. Kl.: 39b, 22/06, A.-Z.: WP 39b/135621.

DDP 71360. Verfahren zur Stabilisierung von halogenhaltigen Polymerisaten gegen Abbau durch Wärme und Licht. Erf. u. Inh.: *Peter Klimsch* u. *Peter Kühnert*. A. 15. 10. 68, B. 20. 2. 70. Kl.: 39b, 22/01. A.-Z.: WP 39b/135364.

JaP 29989/69. Polypropylen. Inh.: Mitsubishi Rayon Co. A. 24. 11. 65, B. 4. 12. 69. Kl.: 25 H. A.-Z.: 71748/65.

Klasse C 08g. Polykondensations- und Polyadditionsprodukte

SzP 490436. Verfahren zur Herstellung von stickstoffhaltigen Copolymeren des Formaldehyds. Erf.: *Klaus-Peter Peuchert, Ernst-Ulrich Köcher, Kuno Wagner* u. *Horst Niemann*. Inh.: Farbenfabriken Bayer AG, Leverkusen (DB). A. 9. 12. 66. Int. Kl.: C 08g 1/04, 13/00. A.-Z.: 17617/66. Prior.: 11. 12. 65 (DB; A.-Z.: F 47897 IVd/39c, F 47898 (IVc/39b, A.-Z.: F 47898 entspr. DAS 1254351). Entspr. FrP 1504933.

USP 3432471 Zus. z. Pat. m. A.-Z.: 319662. A. 29. 10. 63; u. Pat. m. A.-Z.: 428245. A. 26. 1. 65. Polyoxymethylen/Norbornylen-Copolymere. Erf.: *Calvin N. Wolf*. Inh.: Ethyl Corp., New York, N. Y. A. 25. 4. 67, B. 11. 3. 69. Kl.: 260 – 67, Int. Kl.: C 08g 1/18. 26 Anspr. A.-Z.: 633414. A.-Z.: 319662 entspr. FrP 1423771 u. GBP 1072135. A.-Z.: 428245 entspr. FrP 1465922.

DDP 70986. Verfahren zur Herstellung ungesättigter Polyesterharze. Erf. u. Inh.: *Klaus Gärtner* u. *Hellmut Schülert*. A. 2. 4. 68, B. 20. 1. 70. Kl.: 39c, 16. A.-Z.: WP 39c/131223.

DOS 1520169. Verfahren zur Herstellung von Polyäthylenterephthalat. Erf.: *Herbert Fitz*. Anm.: Kalle AG, 6202 Wiesbaden-Biebrich. A. 2. 5. 62, O. 6. 11. 69. Kl.: 39b 5, 17/015. A.-Z.: P 1520169 (K 46629). Entspr. FrP 1357247 u. GBP 1037317.

DOS 1520759 Zus. z. Anm.: 1189272. Verfahren zur Herstellung von hochmolekularen Polyestern aus Lactonen. Erf.: *Harald Heinrich Otto Cherdron, Hans Hellmut Ohse*, u. *Friedrich Wilhelm August Gustav Karl Korte*. Anm.: Shell Internationale Research Maatschappij N. V., Den Haag (Nd). A. 30. 3. 62, O. 27. 11. 69. Kl.: 39b 5, 17/017. A.-Z.: P 1520759 (S 78764). Entspr. GBP 1030735 u. USP 3259607.

DOS 1520772. Verfahren zur Herstellung von β-Propiolactonpolymeren. Erf.: *Kenichi Fukui, Sacchio Yuasa, Takso Shinizu, Tsutomu Kagiya* u. *Takezo Sano*. Anm.: Sumitomo Chemical Co. Ltd., Osaka (Ja). A. 30. 7. 62, O. 6. 11. 69. Kl.: 39b 5, 17/017. A.-Z.: P 1520772 (S 80657). Prior.: 31. 7. 61 (Ja; A.-Z.: 27679 – 61). Entspr. GBP 1017184 u. USP 3232911.

DOS 1520998. Verfahren zur Herstellung von Polyäthylenterephthalat. Erf.: *Kenji Nukushina, Itaru Nakamura* u. *Isamu Tamai*. Anm.: Toyo Rayon Kabushiki Kaisha, Tokio (Ja). A. 29. 5. 63, O. 27. 11. 69. Kl.: 39b 5, 17/015. A.-Z.: P 1520998 (T 24068). Prior.: 29. 5. 62, 19. 7. 62 u. 10. 8. 62 (Ja; A.-Z.: 21995 – 62, 30715 – 62 u. 34328 – 62). Entspr. GBP 1023707 u. USP 3325454.

DOS 1545138. Verfahren zur Herstellung modifizierter Polyester aus Terephthalsäurediglykolestern. Erf.: *Erhard Siggel* u. *Hilmar Roedel*. Anm.: Glanzstoff AG, 5600 Wuppertal. A. 9. 3. 62, O. 27. 11. 69. Kl.: 39b 5, 17/14, A.-Z.: P 1545138 (V 22146). Entspr. SzP 410413, GBP 964485 u. USP 3313862.

OeP 282966. Verfahren zur Herstellung hochmolekularer linearer Polyester. Inh.: Badische Anilin- & Soda-Fabrik AG, Ludwigshafen (DB). A. 25. 10. 68, B. 15. 11. 69. Kl.: 39b, 22. A.-Z.: 10436/68.

USP 3496145. Ammoniumarsenate, organisch substituierte Arsenate sowie Natrium-, Kalium- und Calciumarsenit als katalytische Zusätze für die erste Stufe von Direkt-Veresterungsverfahren. Erf.: *Mary E. Carter* u. *John A. Price*. Inh.: FMC Corp., Philadelphia, Pa. A. 26. 6. 67, B. 17. 2. 70. Kl.: 260 - 75, Int. Kl.: C 08g 17/06. 10 Anspr. A.-Z.: 648951. Entspr. FrP 1571742.

DDP 71617. Verfahren zur Herstellung von Polymerelektrolyten. Erf. u. Inh.: *Friedrich Wolf* u. *Karl-Heinz Mohr*. A. 16. 7. 68, B. 5. 3. 70. Kl.: 39c, 10. A.-Z.: WP 39c/133481.

DOS 1520903. Verfahren zur Herstellung von lichtbeständigen Polymeren. Erf.: *Luigi Ciceri, Felice Farioli* u. *Ettore Luzzatto*. Anm.: Snia Sisietà Nazionale Industria Applicazioni Viscosa S. p. A., Mailand (It). A. 10. 12. 64, O. 20. 11. 69. Kl.: 39b 5, 20/02. A.-Z.: P 1520903 (S 94567). Prior.: 13. 12. 63 (It; A.-Z.: 25743 – 63). Entspr. FrP 1419093, GBP 1088905 u. SvP 313440.

SzP 490442. Verfahren zur Herstellung von Polyamid und dessen Verwendung zur Herstellung von geformten Artikeln. Erf.: *Isaac Goodman* u. *Michael Edward Benet Jones*. Inh.: Imperial Chemical Industries Ltd., London S. W. 1 (GB). A. 18. 12. 67. Int. Kl.: C 08g 20/20, 53/14. A.-Z.: 17692/67.

GBP 1187028. Synthetische Copolyamide. Inh.: Imperial Chemical Industries Ltd. A. 11. 7. 67. B. 8. 4. 70. Kl.: C 3. R, Int. Kl.: C 08g 20/20. A.-Z.: 34389/66.

JaP 30749/69. Thermoplastische, lineare Polyamidharze. Inh.: Baudon Inc. A. 20. 7. 64, B. 10. 12. 69. Kl.: 26 D. A.-Z.: 41132/64.

JaP 21354/69. Spinnfähiges Polyamid-Copolymeres. Inh.: Asahi Chemical Industry Ltd. A. 5. 4. 65, B. 11. 9. 69.

USP 3432476. Synthetische lineare Copolyterephthalamide und daraus hergestellte geformte Gegenstände. Erf.: *Michichika Kuwabara, Kiyoshi Nawata, Kiyokazu Tsunawaki* u. *Seizaburo Sakakibara*. Inh.: Teijin Ltd., Osaka (Ja). A. 21. 12. 64, B. 11. 3. 69. Kl.: 260 – 78, Int. Kl.: C 08g 20/00, 20/20. 6 Anspr. A.-Z.: 420183. Prior.: 30. 12. 63 (Ja; A.-Z.: 38/716s4). Entspr. DAS 1301564, SzP 443683 u. GBP 1102326.

JaP 25909/69. Stabilisierung gegen Gelbfärbung. Inh.: Kurashiki Rayon Co. Ltd. A. 15. 9. 65, B. 31. 10. 69. A.-Z.: 56557/65.

USP 3494894. Verfahren zur Herstellung von elastischen Faserstoffen aus Polyurethanpolymeren mit vernetzter Struktur. Erf. u. Inh.: *Federico Urgesi*, 21 Via Leonardo da Vinci, Vercelli (It). A. 1. 8. 67, B. 10. 2. 70. Kl.: 260 – 75, Int. Kl.: C 08g 22/04, 22/18. 10 Anspr. A.-Z.: 657536. Prior.: 20. 8. 66 (It; A.-Z.: 19203/66). Entspr. GBP 1163649.

USP 3432466. Verfahren zur Herstellung von Poly-(2.6-diaryl-1,4-phenylenäthern). Erf.: *Allan S. Hay*. Inh.: General Electric Co. A. 14. 11. 6. B. 11. 3. 69. Kl.: 250 – 47, Int. Kl.: C 08g 23/18 u. 23/16. 10 Anspr. A,-Z. 593733. Entspr. FrP 1540388.

DDP 71367. Verfahren zur Herstellung von hochmolekularen Polyamidobenzimidazolen. Erf.: *Vasily Vladimirovich Korshak, Alexandr Andreevich Izyneev* u. *Valentina Georgievna Samsonova*. Inh.: Akademia Nauk Sojuza SSR, Sibirskoe otdelenie Buryatsky filial (SU). A. 24. 9. 68, B. 20. 2. 70. Kl.: 39c, 13. A.-Z.: WP 39c/134972.

USP 3432539 Zus. z. Pat. m. A.-Z.: 220910. A. 31. 8. 62. Icosaedrische Dodecahydrododecaboranderivate und ihre Herstellung. Erf.: *William C. Drinkard, jr.* Inh.: E. I. du Pont de Nemours & Co. Wilmington, Del. A. 30. 6. 65, B. 11. 3. 69. Kl.: 260 – 462, Int. Kl.: C 07f 5/02 u. C 08g 33/18. 14 Anspr. A.-Z.: 468580. A.-Z.: 220910 entspr. FrP 1378107 u. GBP 1016379.

SUP 266208 (Urheberschein). Am Tageslicht fluoreszierende Pigmente. Erf.: *L. M. Podgornaja, K. M. Gol'dberg, L. I. Voropaj, D. G. Preejaslova* u. *B. M. Krasovickij*. A. 4. 7. 67, B. 17. 3. 70. Kl.: 39b, 22/06. A.-Z.: 1168818/23 – 5.

JaP 22912/69. Färbekomposition. Inh.: Dainichi Seika Colour & Chem. MFG Co. Ltd. A. 9. 3. 66, B. 30. 9. 69. A.-Z.: 14009/69.

DDP 71616. Verfahren zum kontinuierlichen Färben von synthetischen linearen Hochpolymeren in der Masse. Erf. u. Inh.: *Gerhard Wulf, Martin Schneider* u. *Klaus-Dieter Ahlers*. A. 13. 9. 68, B. 5. 3. 70. Kl.: 39b, 22/04. A.-Z.: WP 39b/134724.

Section D. Textilien und biegsame Werkstoffe, soweit nicht anderweitig vorgesehen

Klasse D 01. Natürliche und künstliche Fäden und Fasern; Spinnen

Klasse D 01b. Mechanische Behandlung von natürlichen faserigen oder fadenförmigen Stoffen zur Gewinnung von Fasern oder Fäden, z. B. zum Verspinnen

GBP 1187710. Spinndüsenplatte zum Schmelzspinnen von Fäden und die damit erhaltenen Fäden. Inh.: Snam Progetti S. p. A. A. 19. 12. 68, B. 15. 4. 70. Kl.: B 5. B, Int. Kl.: D 01d 3/00. A.-Z.: 60516/68. Prior.: 22. 12. 67 (It; A.-Z.: 817698).

JaP 22522/69. Spezialspinndüse. Inh.: Chisso Ltd. A. 31. 3. 67, B. 26. 9. 69. A.-Z.: 19304/67.

JaP 22524/69. Spinndüsenöffnung zum Schmelzspinnen. Inh.: Teijin Ltd. A. 26. 5. 67, B. 26. 9. 69. A.-Z.: 33418/67.

JaP 29524/69. Konjugierte Fäden vom „Nebeneinander-Typ". Inh.: Kanegafuchi Spinning Co. Ltd. A. 10. 2. 67, B. 1. 12. 69. Kl.: 42 A. A.-Z.: 8732/67. Entspr. FrP 1553488, GBP 1184417 u. USP 3480996.

USP 3432589 Zus. z. Pat. m. A.-Z.: 595563. A. 15. 11. 66, u. Pat. m. A.-Z.: 637986. A. 12. 5. 67. Verfahren zur Herstellung von Fäden aus Regeneratcellulose. Erf.: *Nicolas B. Drisch*. Inh.: Chimiotex S. A., Genf (Sz): A. 16. 2. 68, B. 11. 3. 69. Kl.: 264 – 197, Int. Kl.: D 01d 3/28. 15 Anspr. A.-Z.: 706030. Prior.: 6. 11. 67 (Ir; A.-Z.: 1326/67).

DOS 1435697. Kontinuierliche Spinnmaschine zum Naßspinnen von künstlichen Fäden. insbesondere von Viskosekunstseidefäden. Erf.: *Giacinto Diotto*. Anm.: Studi e Brevetti Applicazioni Tessili S. R. L., Mailand (It). A. 21. 7. 64, O. 13. 11. 69. Kl.: 29a, 6/01. A.-Z.: P 1435697 (St 22439). Prior.: 26. 7. 63 (It; A.-Z.: 15722/63). Entspr. FrP 1419655 u. GBP 1037130.

OeP 282799. Verfahren und Vorrichtung zur Herstellung faserförmiger Stränge. Inh.: Shell Internationale Research Maatschappij N. V., Den Haag. A. 20. 12. 65, B. 15. 11. 69. Kl.: 29a, 7/01. A.-Z.: 11443/65. Prior.: 22. 12. 64 (Nd).

SzP 490519. Verfahren und Vorrichtung zur kontinuierlichen Herstellung von Schnüren, Fäden, Vliesstoffen u. ä. aus thermoplastischem Material. Erf.: *Valentino Wiquel*. Inh.: Compagnie de Saint-Gobain, 62, Bd Victor-Hugo, Neuilly-sur-Seine (Fr.). A. 20. 11. 68. Int. Kl.: D 01d 5/14. A.-Z.: 17311/68. Prior.: 20. 11. 67 u. 22. 11. 67 (It; A.-Z.: 22915 – A/67 u. 22981-A/67). Entspr. DOS 1809761.

FrP 1587500. Verfahren und Vorrichtung zur Herstellung von Fäden aus Polyamid und Polyester mit erhöhter Haltbarkeit. Inh.: Societa Rhodiatoce S. p. A. A. 14. 10. 68, B. 20. 3. 70. Int. Kl.: D 01d. A.-Z.: 169839. Prior.: 16. 10. 67 (It; A.-Z.: 53369 A/67). Entspr. DOS 1803432.

JaP 21501/69. Gekräuselte Spaltfaser. Inh.: Asahi Chem. Ind. Co., Ltd. A. 3. 12. 65, B. 13. 9. 69. A.-Z.: 74186/65. Entspr. GBP 1133566 u. USP 3398441.

JaP 21502/69. Gekräuselte Spaltfaser. Inh.: Asahi Chem. Ind. Co., Ltd. A. 3. 12. 65, B. 13. 9. 69. A.-Z.: 74187/65. Entspr. GBP 1133566 u. USP 3398441.

JaP 29531/69. Spaltfaser. Inh.: Teijin Ltd. A. 7. 2. 67, B. 1. 12. 69. Kl.: 42 G. A.-Z.: 7811/67. Entspr. USP 3488941.

SUP 264604 (Urheberschein). Verfahren zur Herstellung von Viskosefäden mit flachem Querschnitt. Erf.: *I. G. Šimko, S. P. Lipinskij, L. B. Finkel'štejn, L. V. Makarova, G. I. Solov'eva, L. V. Eglit, N. P. Šiškina, V. T. Tverikin, A. D. Vorob'ev, V. M. Simkin, L. V. Bartaševič, A. I. Burmistrova, E. P. Vasil'eva, V. H. Veselov, A. S. Daniljuk, A. B. Nudrjašov, L. A. Poljanceva* u. *T. D. Sudakova*. A. 19. 2. 68, B. 3. 3. 70. Kl.: 29a, 6/06. A.-Z.: 1221070/28 - 12.

ČSP 135167. Verfahren zur Abfallverwertung bei der Herstellung von Synthesefaserstoffen. Erf.: *Zdeněk Gucko, Jiři Franta, Rostislav Máca* u. *František Vaněček*. A. 11. 12. 65, B. 31. 7. 69. Kl.: 29a, 6/30 (29b, 5/06). Int. Kl.: D 01d, D 01f. A.-Z.: 7444 – 65.

USP 3496260 Zus. z. Pat. m. A.-Z.: 540149. A. 31. 3. 66. Verfahren zur Herstellung einer faserigen Bahn aus Polymerfilm. Erf.: *Lloyd M. Guenther, Gordon B. Johnson* u. *Arthur L. Meader, jr.* Inh.: Chevron Research Co., San Francisco, Calif. A. 20. 12. 68, B. 17. 2. 70. Kl.: 264 – 156, Int. Kl.: B 29d 7/24, B 26f 1/20, B 65h 35/08. 8 Anspr. A.-Z.: 786847. A.-Z.: 450149 entspr. GBP 1128274.

SUP 265364 (Urheberschein). Vorrichtung zum Zusammenfassen von Aufmachungen als Paket. Erf.: *F. N. Artjuchov* u. *R. M. Onisimčuk*. A. 2. 6. 65, B. 9. 3. 70. Kl.: 29a, 6/08. A.-Z.: 1010989/28 – 12.

SUP 262316 (Urheberschein). Vorrichtung zum Aufspulen von Fäden. Erf.: *A. S. Severin, A. K. Vorob'ev, K. D. Danilov* u. *V. A. Gol'din*. Inh.: Special'noe konstruktorsko-technologičeskoe Bjuro Mašin chimičeskich Volokon. A. 5. 9. 68, B. 26. 1. 70. Kl.: 29a, 6/15. A.-Z.: 1268173/28 – 12.

DDP 71332. Verfahren zur Herstellung von gekräuselten Viskosefasern. Erf. u. Inh.: *Peter Barthel, Helmut Brünig, Wilfried Hannes, Lothar Kartein* u. *Klaus Berghof*. A. 14. 11. 68, B. 20. 2. 70. Kl.: 29b, 3/20. A.-Z.: WP 29b/135989.

SUP 265366 (Urheberschein). Verfahren zur Herstellung von Viskose. Erf.: *E. M. Mogilevskij, N. S. Nikolaeva, Z. V. Bork* u. *Ch. S. Peker*. A. 2. 8. 68, B. 9. 3. 70. Kl.: 29b, 3/65. A.-Z.: 1261737/23 – 5.

USP 3494996 Zus. z. Pat. m. A.-Z.: 473321. A. 20. 7. 65. Verfahren zur Herstellung von hochfesten Viskosefäden. Erf.: *Hugh D. Stevens, Robert B. Kennedy* u. *George C. Daul*. Inh.: ITT Rayonier Inc. A. 24. 2. 69, B. 10. 2. 70. Kl.: 264 – 197, Int. Kl.: D 01f 3/28, 3/12, D 01d 5/12. 3 Anspr. A.-Z,: 805969. Entspr. SzP 463011, FrP 1468388 u. GBP 1137857.

DDP 71598. Verfahren zur Herstellung von Fäden aus Acrylnitril-Homo- und -Copolymerisaten mit hoher Reißfestigkeit. Erf. u. Inh.: *Volker Gröbe* u. *Renate Gieseke*. A. 22. 3. 68, B. 5. 3. 70. Kl.: 29b, 3/60. A.-Z.: WP 29b/131016.

GBP 1184726. Recken von Polypivalolactonfäden. Inh.: Shell Internationale Research Maatschappij N. V. A. 5. 8. 68, B. 18. 3. 70. Kl.: B 5. B, Int. Kl.: D 01f 7/06. A.-Z.: 36078/67. Entspr. FrP 1575373.

JaP 21174/69. Beständige, einheitliche 3-dimensionale Kräuselung. Inh.: Nippon Exlan Ind. Co., Ltd. A. 4. 12. 66, B. 10. 9. 69. A.-Z.: 82290/66. Entspr. GBP 1168520 u. USP 3426117.

JaP 25853/69. Selbstkräuselnder Konjugatfaden. Inh.: Kanegafuchi Spinning Co. A. 14. 1. 67, B. 30. 10. 69. A.-Z.: 2823/67. Entspr. FrP 1550895.

SUP 265365 (Urheberschein). Verfahren zur Herstellung von Hochbauschfäden. Erf.: *A. A. Charcharov, E. S. Roskin, K. L. Glazomickij* u. *N. I. Makarovskaja*. Inh.: Leningradskij Institut tekstil'noj i legkoj Promyšlennosti Im. S. M. Kirova. A. 12. 7. 68, B. 9. 3. 70. Kl.: 29b, 3/65. A.-Z.: 1256625/23-5

USP 3495392 Zus. z. Pat. m. A.-Z.: 671602. A. 29. 9. 67. Gefärbte Bauschfäden. Erf.: *Raymond J. Elia* u. *George D. Null*. Inh.: E. I. du Pont de Nemours and Co., Wilmington, Del. A. 26. 6. 68, B. 17. 2. 70. Kl.: 57 – 140, Int. Kl.: D 02g 3/02, D 02j 1/22 u. C 08g 19/00. 4 Anspr. A.-Z.: 740037. A.-Z.: 671602 u. 740037 entspr. FrP 1587932.

DDP 70752. Verfahren zur Herstellung von Kollagenfasern. Erf. u. Inh.: *Gerhard Hebestreit, Günter Reich* u. *Rudolf Bellmann*. A. 7. 8. 68, B. 5. 1. 70 Kl.: 39b, 26/01. A.-Z.: WP 39b/133975.

Klasse D 02. Garne; mechanische Veredlung von Garnen oder Seilen; Schären oder Bäumen

Klasse D 02g. Kräuseln oder Krimpfen (Texturieren) von Fasern, Fäden, Zwirnen oder Garnen; Garne oder Zwirne

JaP 22534/69. Gekräuselter Polyamidfaden. Inh.: Toyo Rayon Co., Ltd. A. 10. 6. 67, B. 26. 9. 69. A.-Z.: 36908/67.

USP 3495310. Vorrichtung zur Herstellung von Kräuselungen in Form von schraubenartigen Schlaufen. Erf.: *Victor H. Schrader* u. *Donald W. McKinney*. Inh.: Joseph Bancroft & Sons Co., Wilmington, Del. A. 16. 2. 68, B. 17. 2. 70. Kl.: 28 – 1,7, Int. Kl.: D 02g 1/12. 6 Anspr. A.-Z.: 706164.

USP 3431716. Verfahren zur Herstellung von gekräuselter polyfiler Seide. Erf.: *Johan J. Mertens*. Inh.: American Enka Corp., Enka, N. C. A. 27. 9. 65, B. 11. 3. 69. Kl.: 57 – 34, Int. Kl.: D 01h 13/26, D 02g 3/02 u. D 02j 13/00. 10 Anspr. A.-Z.: 490360. Prior.: 16. 10. 64 (Nd; A-Z.: 6412050). Entspr. FrP 1450069.

USP 3494121. Verstärkter zusammengesetzter Hohlfaserstoff und Verfahren zur Herstellung. Erf.: *Thomas C. Bohrer*. Inh.: Celanese Corp., New York, N. Y. A. 30. 6. 67, B. 10. 2. 70. Kl.: 57 -- 157, Int. Kl.: D 02g 3/02, 2/36, D 01f. 16 Anspr. A.-Z.: 650469.

Klasse D 21. Papierherstellung; Gewinnung von Cellulose bzw. Zellstoff

Klasse D 21c. Gewinnung Cellulose durch Abscheiden nichtcelluloseartiger Substanzen von cellulosehaltigen Stoffen; Wiedergewinnung der Zellstoffablaugen; Vorrichtungen dafür

Gruppe D 21c 7/00. Zellstoffkocher

SUP 262618 (Urheberschein). Anlage zum kontinuierlichen Erkochen von Zellstoff. Erf.: *E. E. Egorov, B. M. Astambjoskij, A. G. Dončik* u. *A. A. Karčmarčik*. Inh.: Central'nyj naučnoissledovatel'skij i proektno-konstruktorskoj Institut po Proektirovaniju Oborudovanija dlja celljuloznobumažnoj Promyšlennosti. A. 5. 5. 68, B. 26. 1. 70. Kl.: 55b, 2/10. A.-Z.: 1236572/29 – 33.

Gruppe D 21c 9/00. Nachbehandlung von Cellulosebrei oder Baumwollabfall

DOS 1546239. Verfahren zum Bleichen. Erf.: *Alfons Janson, Georg Wittmann* u. *Franz Poschmann*. Anm.: Badische Anilin- & Soda-Fabrik AG, 6700 Ludwigshafen. A. 31. 12. 66, O. 27. 11. 69. Kl.: 55c, 1. A.-Z.: P 1546239 (B 905/48).

Klasse G 01. Messen

Klasse G 01b. Längen- und Dickenmesser; Teilvorrichtungen; Taster, Werkstattmeßgeräte; Lehren u. dgl.

SUP 262478 (Urheberschein). Gerät zur Messung des Drehwinkels von Fäden. Erf.: *I. V. Gurvičjus, V. I. Kaplan* u. *V. A. Krotkus*. Inh.: Litovskoj naučno-issledovatel'skij Institut tekstil'noj Promyšlennosti. A. 1. 8. 68, B. 26. 1. 70. Kl.: 42k, 50. A.-Z.: 1260568/28 – 12.

SUP 262479 (Urheberschein). Klemme zur Vorrichtung zur Einheitsbestimmung von Garn. Erf.: *Ju. M. Egorov, S. P. Alekseev* u. *A. A. Dickij* Inh.: Central'nyj naučno-issledovatel'skij Institut chlopčatobumažnoj Promyšlennosti. A. 16. 12. 68, B. 26. 1. 70. Kl.: 42k, 50. A.-Z.: 1290451/28 – 12.

DDP 70773. Verfahren und Einrichtung zur Erhöhung der Gleichmäßigkeit von textilen Fäden und anderen fadenförmigen Gebilden. Erf. u. Inh.: *Roland Beyreuther* u. *Rolf Barthel*. A. 26. 2. 68, B. 5. 1. 70. Kl.: 42k, 50. A.-Z.: WP 42k/130424. Entspr. SzP 487266.

DDP 71637. Prüfverfahren zur Bestimmung der Entkräuselung von Chemie- und Naturfasern an Faserbündeln. Erf. u. Inh.: *Karlheinz Geitel*. A. 23. 9. 68, B. 5. 3. 70. Kl.: 42k, 50. A.-Z.: WP 42k/134905.

DDP 71638. Einrichtung zur Ermittlung der Scheuerfestigkeit von Faserstoffen, insbesondere im nassen Zustand. Erf. u. Inh.: *Hellfried Stöver*. A. 11. 11. 68, B. 5. 3. 70. Kl.: 42k, 50. A.-Z.: WP 42k/135913.

SUP 266332 (Urheberschein). Gerät zur Bestimmung des Drucks der Garnwindungen auf die Aufmachung. Erf.: *N. V. Cagareli*. A. 8. 8. 68, B. 17. 3. 70. Kl.: 42k, 50. A.-Z.: 1262772/28 – 12.

SUP 266333 (Urheberschein). Klemme für Zugprüfgeräte. Erf.: *V. A. Šumarov*. Inh.: Special'noe konstruktorskoe Bjuro po Razrabotke avtomatičeskich Sredstv Izmerenija Mass i Priborov ispytatel'noj Techniki. A. 18. 10. 67, B. 17. 3. 70. Kl.: 42k, 50. A.-Z.: 1191386/28 – 12.

Literaturschau

Auszug aus Lieferung 19 und 20/1970 der Literaturschau „Faserstoffe und Textiltechnik“[1]), zusammengestellt von der Abteilung Wissenschaftliches Berichtswesen des Instituts für Faserstoff-Forschung der DAW, 153 Teltow-Seehof, Kantstr. 55

I. Wissenschaftliche Grundlagen

Allgemeines

(Untersuchungsmethoden u. a.)

Maubach, K.: Reibungsgesetze turbulenter Strömungen. Chemie-Ing.-Technik **42** (1970) 15, S. 995 – 1004.

Krutogolov, V. D.: Kontinuierlich arbeitende Rotationsviskosimeter. Zavodsk Labor., Moskva (Betriebslabor) **36** (1970) 7, S. 875 – 877.

Chong Wha Pyun: Comonomer- und Stereosequenzverteilungen, bei Hochpolymeren. J. Polymer Sci., A-2: Polymer Physics 8 (1970) 7 S. 1111 bis 1126.

Physik und Chemie der Hochpolymeren

Stanka, J., Čirliče, J. B.: Morphologie von Cortex und Einfluß dessen bilateraler Struktur auf die Kräuselung der tierischen Fasern. Textil, Praha **25** (1970) 8, S. 259 – 262.

Quadrat, O.: Das nicht-Newtonsche Verhalten von verdünnten Polymerlösungen. IV. Die Huggin's Konstante. V. Nicht-Newtonsche Viskosität von Polyphenylsiliciumsesquioxan-Lösungen in Beziehung zur Starrheit der Polymerketten. Coll. czechoslov. chem. Commun. **35** (1970) 8, S. 2505 – 2507; 9, S. 2564 – 2570. (engl.)

Onogi, S., Sato, T., Asada, T., Fukui, Y.: Rheooptische Untersuchungen von Hochpolymeren. XVIII. Bedeutung der Vertikalverschiebung bei der Zeit-Temperatur-Überlagerung von rheoptischen und viskoelastischen Eigenschaften. J. Polymer Sci., A-2: Polymer Physics 8 (1970) 7, S. 1211 bis 1225.

Lee, D. A.: Über die Bestimmung der Verteilung der relativen Molekülmasse aus Sedimentations-Diffusions-Gleichgewichtswerten bei einer einzigen Rotorgeschwindigkeit. J. Polymer Sci., A-2: Polymer Physics 8 (1970) 7, S. 1039 – 1056.

Barnikol, I., Barnikol, W. K. R., Beck, A., Campagnari-Terbojević, M., Jovanović, N., Schulz, G. V.: Die Bestimmung der Molekulargewichtsverteilung von nichtkristallisierenden Polymeren mit dem Elektronenmikroskop. I. Präparationsmethoden und Kontrollen. Makromol. Chemie **137** (1970) S. 111 – 121.

Rupprecht, A.: Eine Haltevorrichtung für Fluoreszenzuntersuchungen im polarisierten Licht an rotierenden (Farbstoff-)Polymer-Filmen. Rev. sci. Instrum. **41** (1970) 8, S. 1257.

Tonelli, A. E., Abe, Y., Flory, P. J.: Optische Anisotropie von Vinylpolymerketten. II. Depolarisierte Streuung bei Polypropylen und Polystyrol. Macromolecules, Washington **3** (1970) 3, S. 303 – 308.

Hashimoto, T., Stein, R. S.: Lichtstreuung an Filmen mit nichtstatistischen Orientierungsschwankungen. II. J. Polymer Sci., A-2: Polymer Physics 8 (1970) 7, S. 1127 – 1136.

Sohma, J.: ESR-Untersuchungen der Zerfallsreaktionen von freien Polymerradikalen. Beziehung zwischen der Zerfallsreaktion und der Molekularbeweglichkeit. Kobunshi Kagaku, Tokyo (Chem. High Polymers) **27** (1970) 301, S. 289 – 300. (jap.; engl. Zusammenfass.)

Olf, H. G., Peterlin, A.: Untersuchung der Molekülbewegung in orientierten langkettigen Alkanen durch kernmagnetische Resonanz. I. Theoretischer Teil. II. Orientierte Matten von Polyäthyleneinkristallen. III. Orientiertes n-$C_{32}H_{66}$. J. Polymer Sci., A-2: Polymer Physics 8 (1970) 5, S. 753 bis 770; 771 – 789; 791 – 797.

Caralli, L., Borsini, G. C., Carraro, G., Confalonieri, G.: NMR-Untersuchung von Polyvinylchlorid-β, β-d_2. J. Polymer Sci., A-1: Polymer Chem. **8** (1970) 4, S. 801 – 812.

Beljaev, O. F., Belavceva, E. M., Kitajgorodskij, A. I.: Elektronenmikroskopische und mikrodiffraktometrische Untersuchung einiger morphologischer Gebilde bei Polyäthylen. Vysokomol. Soed.(Hochmol. Verbind.) Serie B: Kratkie Soobšč. (Kurzmitt.) **12** (1970) 8, S. 604 – 606.

Ivanov, M. A., Streljugina, I. A.: Acetylierung von Strukturmodifikationen der Cellulose. Z. prikl. Chimii (Z. angew. Chemie) **43** (1970) 7, S. 1548 bis 1554.

Holoubek, J.: Untersuchung des Orientierungsprozesses von Polymerfilmen bei der Kleinwinkel-Lichtstreumethode. Coll. czechoslov. chem. Commun. **35** (1970) 9, S, 2760 – 2775. (engl.)

Semenov, Ju. P., Žabin, V. D., Kostromin, V. P., Pakšver, E. A.: Untersuchung der Makrostruktur von Polyacrylnitrilfaserstoffen. Faserforsch. u. Textiltechnik **21** (1970) 10, S. 407 – 412.

Serkov, A. T., Kudrjavcev, G. I., Serkova, L. A.: Strukturbildung beim Ausfällen amorpher Polymerer aus konzentrierten Lösungen. Vysokomol. Soed. (Hochmol. Verbind.) Serie B: Kratkie Soobšč. (Kurzmitt.) 12 (1970) 8, S. 583 – 585.

Žilka, L.: Die polare Struktur der Makromoleküle und Möglichkeiten ihrer Beeinflussung durch Modifikation. Chem. Vlákna Svit (Chem. Fasern) **20** (1970) 4, S. 83 – 87.

Perepečko, I. I., Kvačeva, L. A., Ušakov, L. A., Svetov, A. Ja., Grečiškin, V. A.: Einfluß der Struktur von Polymerstoffen auf ihre viskoelastischen Eigenschaften. Plast. Massy, Moskva (Plast. Massen) (1970) 8, S. 43 bis 48.

Priel, Z., Silberberg, A.: Konformation von Polymethacrylsäure in Alkohol/Wasser-Mischungen. I. Wirkung der Konzentration, der Temperatur, des pH-Wertes und der Ionenstärke, II. Methanol. Äthanol, n-Propanol und 1,2-Äthandiol. III. Abhängigkeit von der relativen Molekülmasse. J. Polymer Sci., A-2: Polymer Physics **8** (1970) 5, S. 689 – 703; 705 – 712; 713 – 726.

Din' Suan Din', Gejderich, M. A., Davydov, B. E.: Einfluß der Stereoregularität der Makromoleküle auf die Bildung und Ausbreitung des effektiven Konjugationssystems im Polyacrylnitril. Izv. Akad. Nauk SSSR, Serija chim. (Nachr. Akad. Wiss. UdSSR, Chemie (1970) 9, S. 2033 – 2039.

Lur'e, E. G., Kazarjan, L. G., Kovriga, V. V., Lebedinskaja, M. L., Ucastkina, E. L., Dobrochotova, M. L., Emel'janova, L. N.: Über die Besonderheiten der Kristallisation und der Verformung von Polyimidfolien PM. Plast. Massy, Moskva (Plast. Massen) (1970) 8, S. 59 – 63.

Strjukov, V. B.: Über Strukturinhomogenitäten von natürlichen organischen Makromolekülen. Dokl. Akad. Nauk SSSR (Ber. Akad. Wiss. UdSSR) **192** (1970) 6, S. 1317 – 1319.

Kanetsuna, H., Hasegawa, M., Mitsuhashi, S., Kurita, T., Sasaki, K., Maeda, K., Obata, H., Hatakeyama, T.: Struktur und Eigenschaften von Poly-2,5-distyrylpyrazin. J. Polymer Sci., A-2: Polymer Physics **8** (1970) 7, S. 1027 – 1037.

Fartunin, V. I., Novosel'skaja, G. V., Gribkova, N. Ja., Jakubovič, S. V., Kozlov, P. V.: Einfluß des Lösungsmittels auf die Strukturbildung von Cellulosenitrat. Dokl. Akad. Nauk SSSR (Ber. Akad. Wiss. UdSSR) **193** (1970) 4, S. 865 – 867.

Ryong-Joon R.: Verfahren zur Beschreibung der Orientierung in Polymeren. J. Polymer Sci., A-2: Polymer Physics **8** (1970) 7, S. 1187 – 1194.

Zannetti, R., Celotti, G., Armigliato, A.: Beziehung zwischen den radialen Atomverteilungskurven und den Mechanismen der Parakristall/Kristall-Umwandlung bei isotaktischem Polypropylen. European Polymer J. **6** (1970) 6, S. 879 – 889.

Binsbergen, F. L.: Eine neue Betrachtung der Kristallisationstheorie von Polymeren. Kolloid-Z. u. Z. Polymere **238** (1970) 1/2, S. 389 – 395. (engl.)

Chatterjee, S. K.: Säurecharakter von p-Hydroxybenzoesäure/Formaldehyd-Polymeren in Beziehung zur Struktur. J. Polymer Sci., A-1: Polymer Chem. **8** (1970) 5, S. 1299 – 1302.

Šul'gina, E. S., Trizno, V. L., Smirnov, A. F., Mnacakanov, S. S., Ostrovskaja, V. M., Rozenberg, M. E., Nikolaev, A. F.: Untersuchung der Abhängigkeit der Polymolekularität von Polyvinylacetat von den Synthesebedingungen anhand der Sedimentationsgeschwindigkeit. Z. prikl. Chimii (Z. angew. Chemie) **43** (1970) 6, S. 1321 – 1325.

Bokšickij, M. N.: Zur Beurteilung von Ermüdungsaktivatoren von Polymeren unter statischer Beanspruchung. Mech. Polimerov, Riga (Mech. der Polymeren) **6** (1970) 4, S. 654 – 667.

Ostrikov, M. S., Sindeeva, L. G.: Über die Beständigkeit von Polyäthylenüberzügen gegenüber der Rißbildung in wäßrigen Medien. Kolloid. Z., Moskva **32** (1970) 5, S. 747 – 751.

Kolařík, J., Ilavský, M.: Berechnung der Parameter der mechanischen Dispersionen von glasartigen Polymeren aus der Temperaturabhängigkeit der Komponenten des komplexen Elastizitätsmoduls. Coll. czechoslov. chem. Commun. **35** (1970) 8, S. 2286 – 2295. (engl.)

[1]) Die Literaturschau „Faserstoffe und Textiltechnik“ ist zu beziehen vom Institut für Faserstoff-Forschung der DAW, 153 Teltow-Seehof, Kantstr. 55. Sie wird gemeinsam bearbeitet mit den Dokumentationsstellen im Forschungsinstitut für Textiltechnologie, 906 Karl-Marx-Stadt, Annaberger Str. 240, und im VEB Chemiefaserkombinat Schwarza „Wilhelm Pieck“, 6822 Rudolstadt-Schwarza.

Stölting, J., Müller, F. H.: Energie-Elastizität von Polystyrol bei der Warmverstreckung. Teil 1. Experimentelle Ergebnisse – Lösungswärmen in Abhängigkeit von der Verstreckung. Kolloid-Z. u. Z. Polymere **238** (1970) 1/2, S. 459–470.

Dumbleton, J. H., Murayama, T.: Über das dynamisch-mechanische Verhalten von Polyamid 66. Kolloid-Z. u. Z. Polymere **238** (1970) 1/2, S. 410–415. (engl.)

Fujimura, T., Iwakura, K.: Rheogoniometrie von geschmolzenen Mischungen aus Polyäthylen und Äthylen/Vinylacetat-Copolymerem. I. Abhängigkeit von der Scherkraft. Kobunshi Kagaku, Tokyo (Chem. High Polymers) **27** (1970) 301, S. 323–329. (jap., engl. Zusammenfass.)

Hilyard, N. C., Crum, J. L.: Langsames Rißwachstum bei Cellulosefilmen. J. appl. Polymer Sci. **14** (1970) 5, S. 1373–1375.

Nichols, L. D., Berbeco, G. R.: Einfluß der Additiv-Funktionalität bei der Strahlungsvernetzung von Polymeren. IEC. Ind. engng. Chem./Product R & D **9** (1970) 2, S. 147–149.

Dartjan, S. P., Komarov, B. A., Rozenberg, B. A., Enikolopjan, N. S.: Über die Kinetik der thermostabilisierung von Polyformaldehyd. Vysokomol. Soed. (Hochmol. Verbind.) Serie A **12** (1970) 8, S. 1687–1693.

Wilski, H.: Die spezifische Wärme des Polyvinylchlorids. II. Kolloid-Z. u. Z. Polymere **238** (1970) 1/2, S. 426–429.

Baird, M. E.: Natur der Gleichstromleitfähigkeit in Polyamiden. J. Polymer Sci., A-2: Polymer Physics **8** (1970) 5, S. 739–745.

Phillips, P. J., MackKnight, W. J.: Dielektrische Relaxation bei Äthylen/Methacrylsäure-Copolymeren und deren Salzen. J. Polymer Sci., A-2: Polymer Physics **8** (1970) 5, S. 727–738.

Kabairanov, V., Hadschidotschewa, S. I.: Veränderungen von PVC unter dem Einfluß von Gammastrahlung. Plaste u. Kautschuk **17** (1970) 7, S. 478–482.

Baker, R. W., Strathmann, H.: Ultrafiltration von makromolekularen Lösungen mit Membranen hoher Durchlässigkeit. J. appl. Polymer Sci. **14** (1970) 5, S. 1197–1214.

Adams, J. H.: Analyse der nichtflüchtigen Oxydationsprodukte von Polypropylen. I. Thermische Oxydation. J. Polymer Sci., A-1: Polymer Chem. **8** (1970) 5, S. 1077–1090.

Gröbe, V.: Trübungstitration verdünnter Polyacrylnitrillösungen in Dimethylformamid (DMF) mit Wasser/DMF-Mischungen. Faserforsch. u. Textiltechnik **21** (1970) 10, S. 441.

MacCallum, J. R., Tanner, J.: Vergleichende Untersuchung einiger Verfahren zur Bewertung der kinetischen Parameter aus thermogravimetrischen Daten. European Polymer J. **6** (1970) 6, S. 907–917.

Vasile, C.: Anwendung der DTA-Methode bei der Untersuchung der Kristallisation und des Verschmelzens von amorph-kristallinen Polymeren. Materiale plast., București **7** (1970) 4, S. 179–186.

Mandel, M.: Die potentiometrische Titration von schwachen Polysäuren. European Polymer J. **6** (1970) 6, S. 807–822.

Bogaczek, J., Jaworski, M.: Kontinuierliche polarographische Bestimmung von Acrylnitril. Fresenius' Z. analyt. Chemie **251** (1970) 3, S. 174–176.

Fischer, R.: Gaschromatographische Bestimmung von Äthandiol in Formaldehyd-Äthandiol-Polymeren. Fresenius' Z. analyt. Chemie **251** (1970) 3, S. 172–174.

Goedhart, D., Opschoor, A.: Charakterisierung von Polymeren durch Verbindung von Gelchromatographie und automatischer Viskosimetrie. J. Polymer Sci., A-2: Polymer Physics **8** (1970) 7, S. 1227–1233.

Berlin, A. A., Ivanov, A. A.: Über die Veränderung des Gehaltes an paramagnetischen Zentren in polykonjugierten Verbindungen bei der Inhibierung der Thermooxydation von Polymeren. Vysokomol. Soed. (Hochmol. Verbind.) Serie A **12** (1970) 8, S. 1860–1865.

Morton, M., Fetters, L. J., Pett, R. A., Meier, J. F.: Das Assoziationsverhalten von Polystyryllithium, Polyisoprenyllithium und Polybutadienyllithium in Kohlenwasserstofflösungsmitteln. Macromolecules, Washington **3** (1970) 3, S. 327–332.

Rodė, V. V., Kocoeva, N. M., Čerkasova, G. M., Tuguši, D. S., Cejtlin, G. M., Rusanov, A. L., Koršak, V. V.: Thermischer und thermooxydativer Abbau einiger Polybenzimidazole bei hohen Temperaturen. Vysokomol. Soed. (Hochmol. Verbind.) Serie A **12** (1970) 8, S. 1854–1859.

Chalturinskij, N. A., Moiseev, Ju. V., Marevcev, V. S., Kogan, G. A., Zaikov, G. E.: Abbaumechanismus von Polyacetalen in Lösungen von Säuren. Mitt. 1. Untersuchung des Zustandes von Cellobiose und Glucose in wäßrigen Schwefelsäurelösungen. Izv. Akad. Nauk SSSR, Serija chim. (Nachr. Akad. Wiss. UdSSR, Chemie) (1970) 8, S. 1785–1791.

Dubin, P. L., Strauss, U. P.: Hydrophobe Bindung in alternierenden Copolymeren von Maleinsäure und Alkylvinyläthern. J. physic. Chem. **74** (1970) 14, S. 2842–2847.

Flath, H.-J.: Hydrophilie und spezifische Oberfläche. Faserforsch. u. Textiltechnik **21** (1970) 10, S. 430–434.

Callahan, J. L., Grasselli, R. K., Milberger, E. C., Strecker, H. A.: Oxydation und Ammoxydation von Propylen über Wismutmolybdat-Katalysatoren. IEC. Ind. engng. Chem./Product R & D **9** (1970) 2, S. 134–142.

Physik und Chemie der Monomeren und Oligomeren

Adamov, A. A., Frejdlin, G. N.: Kontinuierliche Herstellung von Adipinsäuremonomethylester in Abwesenheit von Katalysatoren. Chim. Prom. (Chem. Ind.) (1970) 9, S. 24(664)–25(665).

Zalewska, J.: Herstellungsverfahren von Caprolactam. Teil II. Polimery, Warszawa **15** (1970) 5, S. 213–218.

Woodhams, R. T., Adamek, S.: Aminothiopolyalkylensulfid-Oligomere. J. appl. Polymer Sci. **14** (1970) 5, S. 1253–1261.

Polymerisation

Hayakawa, K., Yamakita, H., Kawase, K.: Pfropfcopolymerisation von Maleimid nach dem Dampfphasenverfahren unter Gamma- und UV-Strahlung. J. Polymer Sci., A-1: Polymer Chem. **8** (1970) 5, S. 1227–1237.

Buls, V. W., Higgins, T. L.: Eine Theorie der gleichmäßigen Reaktionsstellen bei der Ziegler-Katalyse. J. Polymer Sci., A-1: Polymer Chem. **8** (1970) 5, S. 1025–1035.

Cammarata, A., Suh Jen Yau: Bemerkung zu den Reaktivitätsindices von Monomeren bei der Copolymerisation. J. Polymer Sci., A-1: Polymer Chem. **8** (1970) 5, S. 1303–1305.

Poljakov, A. I., Atavin, A. S., Smagin, V. V., Mirskova, A. N., Proskurina, T. S., Kravčenko, G. A.: Synthese und einige Eigenschaften von Cellulosedichlororthoacetaten. Vysokomol. Soed. (Hochmol. Verbind.) Serie A **12** (1970) 8, S. 1729–1733.

Leiterpolymere sind hochtemperaturbeständig. Chem. engng. News **48** (1970) 34, S. 36.

Csürös, Z., Rusznák, I., Bertalan, G., Trežl, L., Körösi, J.: Untersuchung des Kettenwachstums bei der kationischen Bildung von Poly-ε-caproamid am Modell Butylaminhydrochlorid/ε-Caprolactam. Makromol. Chemie **137** (1970) S. 9–16.

Koršak, V. V., Rusanov, A. L.: Synthese von Polybenzimidazochinazolinen. Izv. Akad. Nauk SSSR, Serija chim. (Nachr. Akad. Wiss. UdSSR, Chemie) (1970) 8, S. 1917.

Belov, G. P., Solov'eva, T. I., Čirkov, N. M.: Einfluß der Polymerisationsdauer auf die relative Molekülmasse und die Verteilung der relativen Molekülmassen von Polyäthlyen. Vysokomol. Soed. (Hochmol. Verbind.) Serie B: Kratkie Soobšč. (Kurzmitt.) **12** (1970) 8, S. 632–634.

Jakubovič, A. Ja., Voznesenskaja, N. N., Braz, G. I.: Tieftemperatur-Polykondensation von Dicarbonsäurechloriden mit bis (o-Hydroxyaminen) in amidischen Lösungsmitteln. Dokl. Akad. Nauk SSSR (Ber. Akad. Wiss. UdSSR) **94** (1970) 1, S. 116–118.

Tokarzewska, M., Ehrenfeld, E., Wdowin, G.: Versuche zur Herstellung von Vinylchlorid/Vinylacetat-Copolymeren regulärer Struktur für die Lackindustrie. Polimery, Warszawa **15** (1970) 5, S. 238–241.

Pham Quang Tho, Taieb, M.: Genauere Bestimmung des Mechanismus der Polymerisation von Vinylchlorid durch tert.-Butylmagnesiumchlorid in Tetrahydrofuran. Untersuchung durch kernmagnetische Resonanzspektroskopie. J. Polymer Sci., A-1: Polymer Chem. **8** (1970) 5, S. 1099 bis 1105. (franz.)

Golova, L. K., Amerik, Ju. B., Krencel', B. A.: Über den Einfluß des syndiotaktischen Polymethylmethacrylats auf den Verlauf der anionischen Polymerisation von Methylmethacrylat. Vysokomol. Soed. (Hochmol. Verbind.) Serie B: Kratkie Soobšč. (Kurzmitt.) **12** (1970) 8, S. 565.

Allen, P. E. M., Casey, B. A.: Polymerisation von Methylmethacrylat durch metallorganische Verbindungen. IV. Mechanismus der durch Triäthylaluminium-Monomer-Komplexe photochemisch ausgelösten Polymerisation und Copolymerisation. European Polymer J. **6** (1970) 6, S. 793–806.

Lee, P. I., Longbottom, H. M.: Die Abhängigkeit der Emulsionspolymerisationsgeschwindigkeit von Methylmethacrylat von der Seifenkonzentration. J. appl. Polymer Sci. **14** (1970) 5, S. 1377–1379.

Nordstrom, J. D., Hinsch, J. E.: Acrylcopolymere für strahlungsgehärtete Beschichtungen. IEC. Ind. engng. Chem./Product R & D **9** (1970) 2, S. 155–158.

Vasilescu, D. S., Boghina, C., Cobianu, N.: Möglichkeiten zur Realisierung des ternären Systems Acrylnitril/α-Methylstyrol/Vinylacetat bei der Copolymerisation. Materiale plast., București **7** (1970) 4, S. 159–162.

Mamedov, F. V., Tagieva, F. M., Kolesnikov., G. Synthese und Untersuchung von Pfropfcopolymeren auf der Basis von Styrol. Butylkautschuk und Acrylnitril. Vysokomol. Soed. (Hochmol. Verbind.) Serie A **12** (1970) 8, S. 1763–1767.

Hoffman, A. S., Jameson, J. T., Salmon, W. A., Smith, D. E., Trageser, D. A.: Härten von Styrol/Polyester-Mischungen mittels Elektronenstrahl. IEC. Ind. engng. Chem./Product R & D **9** (1970) 2, S. 158–167.

Altares, T., jr., Clark, E. L.: Herstellung von Polystyrol mit sehr enger Verteilung der relativen Molekülmasse in einer Pilotanlage. IEC. Ind. engng. Chem./Product R & D **9** (1970) 2, S. 168–171.

Gruznov, A. G., Dudko, E. F., Romanov, L. M.: Herstellung stabiler Polymerer durch kationische Polymerisation von Formaldehyd. Plast. Massy, Moskva (Plast. Massen) (1970) 8, S. 17–20.

Mita, I., Imai, I., Kambe, H.: Anionische Polymerisation von Aldehyden. II. Polymerisationsgleichgewicht von Chloral. III. Polymerisationsgleichgewicht von chloro- und methylsubstituierten Acetaldehyden. IV. Lösungsmitteleinflüsse auf die Gleichgewichtspolymerisation von Aldehyden. Makromol. Chemie **137** (1970) S. 143–154; 155–168; 169 bis 181. (engl.)

Mita, I., Yabe, S., Imai, I.: Anionische Polymerisation von Aldehyden. I. Startreaktion der Aldehydpolymerisation durch Naphthalin-Natrium. Makromol. Chemie **137** (1970) S. 133–141. (engl.)

Kuznecov, A. A., Iržak, V. I., Rozenberg, B. A., Enikolopjan, N. S.: Über die Beteiligung von Makromolekülen bei der Initiierung der kationischen Polymerisation von Heterocyclen. Dokl. Akad. Nauk SSSR (Ber. Akad. Wiss. UdSSR) **192** (1970) 6, S. 1281–1283.

Predvoditelev, D. A., Nazarova, V. A.: Neue Synthesemethode von phosphorhaltigen Derivaten hochmolekularer Polyoxyverbindungen. Z. vsesojuz. chim. Obšč. Mendeleeva (Z. chem. Allunions-Mendelejew-Ges.) **15** (1970) 4, S. 453–454.

Normant, H. (Schreibw. i. Orig.: *Norman, A.*)*:* Hexamethylphosphortriamid in der organischen Chemie. Usp. Chimii (Fortschr. d. Chemie) **39** (1970) 6, S. 990–1049.

Sonderfragen

Dautzenberg, H., Philipp, B.: Über Bildungsweise und Verhalten des Natriumdithiocarbonats. Z. anorg. allg. Chemie **375** (1970) 2, S. 113–123.

Rüttiger, W., Kimer, U.: Die Geschwindigkeit des Wasserstoffperoxid-Eigenzerfalls als wichtige verfahrenstechnische Kenngröße in der Textilveredlung. Melliand Textilber. internat. **51** (1970) 9, S. 1075–1084.

Petersen, H.: Neue Vernetzer und Erkenntnisse über Reaktivität und Hydrolysenbeständigkeit von N-Methoxymethylverbindungen. 9. Mitteilung. Textilveredlung, Weinfelden/Schweiz **5** (1970) 7, S. 570–588.

II. Faserstoffe. Ausgangsstoffe usw.

Bobrova, Z. V., Kokotov, Z. I.: Tatsächliche Verschiebungen in der Struktur des zu verarbeitenden Rohstoffs in der UdSSR. Tekstil. Prom., Moskva (Textil-Ind.) **30** (1970) 6, S. 14–16.

Diolen S_1 und „Sympa fresh". Chemiefasern **20** (1970) 9, S. 731–732.

Naturfaserstoffe

Pflanzliche Faserstoffe

Die Juteindustrie stellt auf tex um. Textile Month (1970) 5, S. 63–64.

Burkitt, F. H.: Die Zukunft der Baumwolle in technischer Sicht. Textilindustrie, Mönchengladbach **72** (1970) 9, S. 672–676.

Natürliche mineralische Faserstoffe

Hilscher, W., Sethi, S., Friedrichs, K.-H., Pott, F.: Zusammenhänge zwischen Asbestose und Faserlänge. Naturwiss. **57** (1970) 7, S. 356–357.

Chemiefaserstoffe

Kapkaev, A. A., Butovič, V.: Perspektiven für die Herstellung und den Verbrauch an Chemiefaserstoffen. Tekstil. Prom., Moskva (Textil-Ind.) **30** (1970) 7, S. 33–34.

Serkov, A. T., Sokolovskij, B. M.: Diffusionsprozesse bei der Wäsche von Chemiefaserstoffen. Chim. Volokna (Chem. Fasern) (1970) 4, S. 36–38.

Friedemann, W.: Arbeit des Stützpunktes für Werkstoffkennwerte für Chemiefaserstoffe. Dt. Textiltechnik **20** (1970) 9, S. 556–559.

Cellulose und Zellstoff

Eriksson, L., Lehtikuski, O.: Mathematisches Modell für den Calciumsulfitaufschluß. Paperi ja Puu, Helsinki (Papier u. Holz) **53** (1970) 7, S. 435 bis 438.

Nikitin, N. I., Antonovskij, S. D., Zajceva, A. F., Belozerova, L. A., Avakjan, N. D.: Gewinnung von Edelzellstoff aus Lärchenholz. Bumaž. Prom. (Papier-Ind.) (1970) 8, S. 3–5.

Erdélyi, J.: Der Einfluß des Ligningehaltes auf die Pfropfbarkeit der technischen Zellulose. Zellstoff u. Papier **19** (1970) 8, S. 243–246.

Obrocea, P., Diaconescu, V.: Schilfaufschluß im Sulfatverfahren. IV. Einfluß der Sulfidität. V. Vergleichsstudie in bezug auf den Aufschluß des Schilfs und anderer Faserrohstoffe. Celuloză şi Hîrtie, Bucureşti (Cellulose u. Papier) (1970) 2, S. 53–57; 7, S. 229–233.

Roffael, E.: Über die chemische Reaktivität von Kunstseidenzellstoffen. Holzforsch. **24** (1970) 4, S. 128–132.

Roth, W. B., Mehltretter, C. L.: Filme aus Mischungen von Viskose. Alkali und Maisstärke mit hohem Amylosegehalt. J. appl. Polymer Sci. **14** (1970) 5, S. 1387–1388.

Regeneratfaserstoffe

Allen, G. G., Mattila, T.: Oberflächenmodifizierung von Fasern. Teil IV. Reaktionsvermögen von Lignocellulosefasern mit Cyanurchlorid. Tappi, New York **53** (1970) 8, S. 1458–1463.

Mitrofanov, Ju. A., Lolenko, I. Z.: Automatisierung von Systemen zur Stabilisierung des Flottenverhältnisses bei der Alkalisierung und des Anpreßgrades bei der Viskosecordherstellung. Chim. Volokna (Chem. Fasern) (1970) 4, S. 52–53.

Gajdukov, K. A., Beljatinskaja, L. S., Barabaš, L. M.: Methodik der Zinksulfatbestimmung im Fällbad. Chim. Volokna (Chem. Fasern) (1970) 4. S. 70.

Pugač, B., Perepelkin, K., Troickaja, N., Chromova, T., Bondareva, L., Kaspar'janc, S., Kalkovskij, S., Rašbam, Ja.: Herstellung von medizinischen Faserstoffen aus kollagenhaltigem Material. Chim. Volokna (Chem. Fasern) (1970) 4, S. 74.

Synthetische Faserstoffe

Dawczynski, H.: Temperaturbeständige Faserstoffe aus organischen Polymeren. Teil II. Wiss. u. Fortschr. **20** (1970) 8, S. 316–319.

Möller, H.: Technische Gewebe aus gereckten Kunststoff-Fäden. Spinner, Weber, Textilveredlung **88** (1970) 9, S. 886–891 (dt. u. engl.).

Didier-Kellog: Neuentwicklung in der Schmelzspinntechnik. Chemiefasern **20** (1970) 8, S. 646, 648.

Hoffrichter, S., Gernhardt, S., Schmidt, W.: Hochschrumpfende Polyesterfasern. Dt. Textiltechnik **20** (1970) 8, S. 515–519; 9, S. 585–589.

Konecný, B.: Anwendung der einheimischen PE-Fasern in Geweben mit Wollcharakter für die Oberbekleidung. Textil, Praha **25** (1970) 7, S. 223 bis 224.

Opric, Z. G., Lozutkina, T. P., Kudrjavcev, G. I.: Einfluß der Spinnbedingungen auf die Kinetik der thermischen Cyclisierung von Polyimidfaserstoff. Chim. Volokna (Chem. Fasern) (1970) 4, S. 10–13.

Schneegluth, C. C.: Faser aus Polyäthylen oder Polypropylen? Wahl des Materials für die Herstellung von Säcken für technische Zwecke. Galaxia, Buenos Aires (1970) 31, S. 31–35.

Gajljunas, V. P.: Veränderung der Eigenschaften von Elastik im Verarbeitungsprozeß. Tekstil. Prom., Moskva (Textil-Ind.) **30** (1970) 7, S. 50–52.

Greavu, V.: Verwendung von Polypropylenfaserstoffen für Artikel, die einem hohen Verschleiß unterliegen. Ind. textilă, Bucureşti **21** (1970) 8, S. 474–476.

Livites, L. M., Galbrieljan, G. A., Vasil'eva-Sokolova, E. A., Kudrjavcev, G. I., Rogovin, Z. A.: Eigenschaften von modifiziertem Faserstoff auf der Basis von Acrylnitril/Vinylidenchlorid-Copolymeren. Chim. Volokna (Chem. Fasern) (1970) 4, S. 20–22.

Rašeev, V., Petkanova, N.: Kritische Drehung von Mischgarn aus zwei Komponenten. Tekstil. Prom., Sofija (Textil-Ind.) **19** (1970) 5, S. 11–16.

Künstliche mineralische Faserstoffe

Böder, H.: Kohlenstoff in neuer Gestalt. Umschau Wiss. Technik **70** (1970) 20, S. 648–649.

Kohlenstoffaser: Den Praktikern zur Diskussion gestellt. Kunststoff-Berater **15** (1970) 8, S. 732–733.

Ausgangsstoffe. Schaumstoffe. Kautschuk

Faserverstärkungen für Polymere. Kunststoff-Berater **15** (1970) 9, S. 847 bis 852.

Kunststoffe und ihre Beseitigung. Kunststoff-Rdsch. **17** (1970) 9, S. 429.

III. Fäden-Herstellungstechnologien

Spinnerei. Zwirnerei

Spinnereivorbereitung

Wirth, W.: Neuzeitliche Misch- und Reinigungsverfahren in der Dreizylinderspinnerei. Textil-Praxis **25** (1970) 8, S. 453–457.

Topf, W.: Die Halbkammgarn-Spinnerei unter besonderer Berücksichtigung des Problems Schmälzen und Avivieren. Internat. Textil-Bull., Zürich. Weltausgabe: Spinnerei (1970) 2, S. 184, 187, 188.

Stepanec, A. T.: Einfluß des pneumatischen Systems auf die Ausscheidung von Abfällen und auf den Kardierprozeß. Tekstil. Prom., Moskva (Textil-Ind.) **30** (1970) 7, S. 36–38.

Barella, A., Pujol, C.: Der Übertragungskoeffizient der Karde. Sein Einfluß auf die Garneigenschaften. Invest. Inform. textil, Barcelona **13** (1970) 2, S. 171–185.

Spinnerei

Tárnoky, F., Vass, G.: Moderne Spinnmaschinen von Übersee. Magyar Textiltechn. **22** (1970) 8, S. 401–405.

Subtirelu, M., Kovacs, A., Vasilescu, P.: Bessere Verwertung der Abgänge aus Mischungen von Polyesterfasern und Baumwolle. Ind. textilă, Bucureşti **21** (1970) 8, S. 468–473.

Unkonventionelle Spinnverfahren: die neuesten Entwicklungen. Textile Month (1970) 4, S. 82, 85.

Neumann, R.: Automatische Fadenbruchbehebung an Ringspinnmaschinen. Dt. Textiltechnik **20** (1970) 9, S. 567–570.

Ripka, J.: Zyklisches Dublieren in der Spinnkammer beim Openend-Spinnen. Textil-Praxis **25** (1970) 8, S. 458–463.

Krause, H. W., Soliman, H.: Offen-End-Spinnen. Faservorbereitung durch Streckwerksverzug. Melliand Textilber. internat. **51** (1970) 9, S. 998 bis 1000.

Buchmann, H.: Das Selbst-Drall-Spinnverfahren. Chemiefasern **20** (1970) 9, S. 757–762.

Zwirnerei

Donarski, A.: Prüfungen über die Spindelvibration bei Einprozeßzwirnmaschinen vom Typ PS-11 für Verzwirnung von Viskosekordseide. Przegl. włókienn. (Textil-Rdsch.) **24** (1970) 7, S. 337–342.

Erzeugnisse der Spinnerei und Zwirnerei

Suchovskij, S. V.: Berechnung der Feinheit und Masse von Leinen/Lavsan-Mischgarn. Tekstil. Prom., Moskva (Textil-Ind.) **20** (1970) 7, S. 81–82.

Lazureanu, E.: Die Beständigkeit der Spinnfähigkeit verschiedener ägyptischer und ähnlicher Baumwollsorten beim Spinnen gekämmter Baumwollgarne. Ind. textilă, Bucureşti **21** (1970) 7, S. 407–411.

Henshaw, D. E.: Zwirne durch Eigendrehung. J. Textile Inst. **60** (1969) 11, S. 443–451.

Dunlop eröffnet in Rochdale ein Werk für die Wärmebehandlung und Tauchung von Reifencordgewebe. Textile Month (1970) 5, S. 56–57.

Texturfäden

Šetler, V. V., Šemjatovskij, V. V., Pronina, G. G.: Maschinen zur Herstellung von Texturseiden. Tekstil. Prom., Moskva (Textil-Ind.) **30** (1970) 6, S. 37–39.

Der Texturfadenmarkt, wie er von seiten der KUAG, einer der Zwirnereien der Enka-Glanzstoff-Gruppe, gesehen wird. Off. Ind. Maille (1970) 56, S. 13–14.

Stöhr, H.: Entwicklungstendenzen der Texturierung. Chemiefasern **20** (1970) 9, S. 718–724.

Grau, H., Blaschke, K.: Mischungen von texturierten Polyester-Endlosgarnen und gesponnenen Garnen im Wirkerei- und Strickerei-Sektor. Wirk.- u. Strick-Technik **20** (1970) 8, S. 502–506.

Kern/Mantel-Fäden

Die Regal Co. dehnt sich mit dem Spandex-Markt aus. Textile World (1970) 4, S. 60–61.

IV. Flächengebilde-Herstellungstechnologien

Plammer, A.: Weben und Wirken von monoaxial gereckter Folie aus Niederdruckpolyäthylen und Polypropylen. Spinner, Weber, Textilveredlung **88** (1970) 9, S. 891–894 (dt. u. engl.).

Šlenova, A. S., Nonina, O. N.: Automatische Webmaschine ATM-175-5 für Frottiergewebe. Tekstil. Prom., Moskva (Textil-Ind.) **30** (1970) 6, S. 40–42.

Carter, Ed.: Warme Umhüllung in einer kalten Wildnis. Dupont Mag. (1970) 3, S. 6–9.

Materialvorbereitung

Kaltenecker, M., Németh, I.: Über die Auswertung der Wirtschaftlichkeit der Investition für die Modernisierung von Kreuzspulen. Magyar Textiltechn. **22** (1970) 7, S. 358–366.

Wolf, H.: Vorbehandlungsaspekte beim Schlichten von Garnen aus Cellulosefasern und Cellulosefaser-Mischungen. Melliand Textilber. internat. **51** (1970) 9, S. 1058–1060.

Weberei

Šuchatovič, E. D.: Gewebeherstellung aus Kenaf auf Leinenwebmaschinen. Tekstil. Prom., Moskva (Textil-Ind.) **30** (1970) 7, S. 48–50.

Erzeugnisse der Weberei

Ulkin, S. V.: Verarbeitung von hochfestem Wollgarn in der Weberei. Tekstil. Prom., Moskva (Textil-Ind.) **30** (1970) 7, S. 52–53.

Weberei-Technologie

Link, I.: Die Ausnutzung latenter Reserven mit Hilfe von Großraumschützen. I. u. II. Teil. Magyar Textiltechn. **22** (1970) 7, S. 355–357; 8, S. 411–414.

Wilk, E.: Herstellungstechnologie für Faltengewebe. Przegl. włókienn. (Textil-Rdsch.) **24** (1970) 7, S. 321–325.

Wirkerei und Strickerei. Konfektionstechnik. Sonstige Technologien

Stavrakas, J. E.: Einzelhandelsaspekte der Maschenrevolution. Mod. Textiles Mag. **51** (1970) 4, S. 44–46.

Schmidt, L., Mensdorf, B.: Probleme bei der Verarbeitung von Maschenware für Damenkleider und -blusen. Bekleid. u. Maschenware **9** (1970) 4, S. 150–152.

Erzeugnisse der Wirkerei und Strickerei

Genzer, M. S.: Trikotstoffe in Filetbindungen aus Lavsan und Polypropylen. Tekstil. Prom., Moskva (Textil-Ind.) **30** (1970) 6, S. 50–54.

Nestler, R.: Entwicklungstendenzen auf dem Gebiet der Bekleidungsindustrie und -maschinen. II. Bekleid. u. Maschenware **9** (1970) 4, S. 152–156.

Taruškina, G.: Die Textilbetriebe müssen bei der Herstellung von qualitativ hochwertigen Gegenständen der Damenunterbekleidung helfen. Tekstil. Prom., Moskva (Textil-Ind.) **30** (1970) 6, S. 27–28.

CAD: Doppeljersey im Brennpunkt des Interesses in einem Bericht über das vom Computer unterstützte Textildessain. Hosiery Times **43** (1970) 490, S. 66, 68, 70, 71.

Erzeugnisse der Wirkerei und Strickerei

Hargreaves, E. M.: Die Killarney Hosiery stößt in jeder Sekunde sechs Paar Nahtlose aus. Textile World (1970) 4, S. 62–63.

Seltzer, I.: Wolljerseystoff: erhöhte Versatilität durch ein neues Stückfärbeverfahren. Hosiery Times **43** (1970) 490, S. 99–102.

Entwurf für ein kontinuierliches Verfahren zur Herstellung von Doppeljersey in einem Werk. Hosiery Times **43** (1970) 491, S. 55–56.

Konfektion

Minaríkové-Henzlové, H., Tomášková, J.: Einlagestoffe für Herrenhemden. Textil, Praha **25** (1970) 8, S. 267–269.
Pirek, A.: Die Anwendung der Stanztechnik für die Vorbereitung von Schnitteilen. Inform. Přehled. Výzkumný Úst. Pletařský, Brno (Inform.-Übers. Wirkerei-Inst.) (1970) 1, S. 33–47.

Textilverbundstoffe

Faserverbundstoffe. Vliesstoffe

Nutter, W.: Ein Überblick über Textilverbundstoffe. Textile Month (1970) 5, S. 94, 95, 97, 100.
Dobromyslova, G. A., Kazakova, A. A., Kon'kov, P. I.: Über die Verringerung der Latexmigration in Klebvliesstoffen. Tekstil. Prom., Moskva (Textil-Ind.) **30** (1970) 8, S. 63–64.
Hearle, J. W. S., Choudhari, T. N.: Untersuchung über genadelte Stoffe. Teil VII: Der Fasertransport mittels Nadeln durch das Gewebe. J. Textile Inst. **60** (1969) 11, S. 478–496.

Schichtstoffe

Carpex: Betonung auf Dessin. Textile Month (1970) 4, S. 98, 101, 103, 113.
Gumennyj, N. A.: Einfluß der Größe der statischen Belastung auf die Bestandteile der totalen Deformierung beim Dehnen von Kunstleder. Izv. vysšich uč. Zav. Technol. legkoj Prom. (Hochschulnachr. Technol. Leichtind.) (1970) 4, S. 26–30.
Grundwaren für Tuftingbodenbeläge. Ind. textile, Paris (1970) 991, S. 414.

V. Textilveredlung

Dudina, M. I., Bondarenko, V. L.: Neuheiten beim Färben und Ausrüsten von Textilgalanteriewaren. Tekstil. Prom., Moskva (Textil-Ind.) **30** (1970) 8, S. 73–75.
Cox, H.: Sach- und fachgerechte Warenaufmachung. Internat. Textil-Bull., Zürich. Weltausgabe: Färberei, Druckerei, Ausrüstung (1970) 2, S. 145, 149–150.
Haigh, D.: Das Färben und Veredeln von Doppeljerseystoffen. Hosiery Trade J. **77** (1970) 916, S. 115, 116, 121, 122, 124.

Farbstoffe. Textilhilfsmittel

Neue Farbstoffe und Chemikalien für die Textilindustrie. Tekstil. Prom., Moskva (Textil-Ind.) **30** (1970) 6, S. 62–64.
Levafix-Farbstoffe in Textildruck und Färberei. Bayer-Farben-Rev., Leverkusen (1970) Sonderheft 12, S. 2–80.
Meagher, J.: Silicon-Mischpolymere als Faserschlichten. Textilveredlung, Weinfelden/Schweiz **5** (1970) 7, S. 566–569.
Schneider, G.: Neue petrochemische Waschmittelrohstoffe. Invest. Inform. textil, Barcelona **13** (1970) 2, S. 233–243.

Bleicherei. Sonstige Vorbehandlungsarbeiten der Textilveredlung

Kirner, U.: Die modernen Systeme der Peroxidbleiche. Melliand Textilber. internat. **51** (1970) 9, S. 1069–1074.
Kirner, U.: Bleichen von Mischungen aus Cellulose mit Synthesefasern. Melliand Textilber. internat. **51** (1970) 9, S. 1089–1094.
Kopsic, T., Forbito, P., Fernandez, V.: Beurteilung der modernen Bleichmethoden für Wolle. Kontrolle der chemischen Einwirkungen. Galaxia, Buenos Aires (1970) 31, S. 2–10.

Färberei

Nishida, K., Nishimura, S., Haruna, E., Kumano, I., Hotuta, T.: Die Färbeeigenschaften der aus substituierten 2-Aminobenzothiazol-3N-oxiden abgeleiteten Monoazofarbstoffe. J. Soc. Dyers Colourists **86** (1970) 7, S. 311–312.
Iroušek, Z., Sivok, J.: Färben von Wolle mit Chromolanfarbstoffen bei einer Temperatur von 80 °C. Tekstil. Prom., Moskva (Textil-Ind.) **30** (1970) 8, S. 75–76.
Steinmüller, H., Schnabel, G.: Einfluß der Carrier-Färbetechnologie und des Fasersubstrates auf die Lichtechtheit bei Polyesterfaserstoffen. Dt. Textiltechnik **20** (1970) 8, S. 507–510.
Kamel, M., Galil, F., Antaki, A.: Färbungen von Wolle/Polyamid-6-Mischungen. Kolor. Értesitö, Budapest (Kolor. Rdsch.) **12** (1970) 3/4, S. 67–74 (engl.).
Taylor, C. W.: Mehrfarbeneffekte auf Polyamidfaserstoffen nach dem Differentialfärbeverfahren. Hosiery Times **43** (1970) 491, S. 85–87.
Derbyshire, A. N.: Färbeverfahren für gestrickte bzw. gewirkte Kleidungsstücke aus „Crimplene“ und „Crimplene K“. Hosiery Times **43** (1970) 491, S. 87, 89.

Druckerei

Ilg, H., Fischer, H.: Zur Synthese und Anwendung von propoxylierten Alkoholen. Textil-Praxis **25** (1970) 8, S. 484–487.
Mateckij, A. I., Kuz'menkov, V. A., Volkova, N. I.: Einsatz von Fettsäure-Alkylolamiden zum Bedrucken von Kleiderstoffen. Tekstil. Prom., Moskva (Textil-Ind.) **30** (1970) 7, S. 69–70.

Ausrüstung. Trocknung

Postle, R.: Die Steuerung der Form und der Abmessungen von Wollgewirken. J. Textile Inst. **60** (1969) 11, S. 461–477.
Küppers, W.: Die Alkali-Schockstufe – ein Weg zur kontinuierlichen Hydrophilbehandlung von Baumwolle und ihren Mischungen mit Synthesefasern. Melliand Textilber. internat. **51** (1970) 9, S. 1067–1069.
Flecken, H.: Technologie der Mercerisation und Mercerisiermaschinen. Textil-Praxis **25** (1970) 8, S. 488–491.
Mercerisieren – ein wichtiger Textilveredlungsprozeß. Internat. Textil-Bull., Zürich Weltausgabe: Färberei, Druckerei, Ausrüstung (1970) 2, S. 123–124, 130, 135, 136, 141.

Wäscherei. Chemische Reinigung

Drei Jahre Zentralwäscherei Basel AG. Wäscher + Reiniger **23** (1970) 2, S. 28–33.
Schmidt, H.: Die Beanspruchung der Wäsche in Entwässerungs- und Trockenmaschinen. Wäscher + Reiniger **23** (1970) 3, S. 23–27.
Helmecke, R., Niemann, J.: Berufskleidung aus Trevira/Baumwolle mit Naturellausrüstung (ohne Kunstharz). Reiniger + Wäscher **23** (1970) 9, S. 23–25.
Was sind „Wäschetrockenschüttelmaschinen“? Wäscher + Reiniger **23** (1970) 1, S. 42; 3, S. 59–60.

VI. Werkstoffprüfung. Meß- und Prüftechnik. Standardisierung

Babkina, V. G., Plencova, S. A.: Bedeutung der Kurven des Farbstoffaufziehvermögens für die Zusammenstellung von Mischungen. Tekstil. Prom., Moskva (Textil-Ind.) **30** (1970) 8, S. 70–73.
Popescu, V., Săvăstru, M.: Streuungsanalyse mit mehreren Faktoren zur Bestimmung der Maßstabilität von Strickwaren bei gleichzeitigen Trageversuchen. Ind. textilă, Bucureşti **21** (1970) 8, S. 482–486.
Wegener, W., Ehrler, P.: Die verwertbare Information von Längenvariationswerten CB (L). Melliand Textilber. internat. **51** (1970) 9, S. 989 bis 995.

Eigenschaften und Fehler der Textilmaterialien u. a.

Saribekov, G. S., Charcharov, A. A., Lazaridi, K. Ch., Janovskaja, N. B.: Einfluß von Äthylencarbonat auf die Eigenschaften von Nitron. Tekstil. Prom., Moskva (Textil-Ind.) **30** (1970) 8, S. 69–70.
Michajlov, N. V., Terechova, G. M., Tokareva, L. G., Kar'kova, N. G.: Untersuchung des thermooxydativen Abbaus von Polyäthylenterephthalat in Gegenwart von Stabilisatoren. Chim. Volokna (Chem. Fasern) (1970) **4**, S. 15–17.
Kiperšlak, E., Leščiner, A., Surov, N.: Eigenschaften von Phenol/Formaldehyd-Harz enthaltender Regeneratcellulosefaserstoffe. Chim. Volokna (Chem. Fasern) (1970) 4, S. 73.
Die Situation hinsichtlich brennbarer Gewebe und Verbraucherschutz in Kanada. Chemiefasern **20** (1970) 9, S. 779–785.
Dodu, A., Varernea, L.: Die wichtigsten Faktoren in bezug auf das technologische Verhalten der reinen Wollgarne und ihre Einflüsse auf die Qualität der Maschenwaren. Melliand Textilber. internat. **51** (1970) 9, S. 1026–1032.
Schönfeld, H.: Bestimmung der Erscheinungs- und Kräuselungsform spezieller Texturfäden. Dt. Textiltechnik **20** (1970) 8, S. 512–515.

Meß- und Prüftechnik

Messen und Prüfen im Labor. Chemiefasern **20** (1970) 8, S. 664–667.
Eisenbruk, L.: Beitrag zur Messung der Kohäsion der Spinnbäder mit dem Instrument INSTRON. Textil, Praha **25** (1970) 7, S. 228–230.
Munteanu, V., Stoica, A.: Schnellmethode zur Bestimmung der Bauschigkeit von Garnen. Ind. textilă, Bucureşti **21** (1970) 8, S. 466–467.
Ferse, A.: Über ausgewählte Prüfmethoden zur Kennzeichnung des mechanischen Verhaltens von Polytetrafluoräthylen. Plaste u. Kautschuk **17** (1970) 7, S. 482–485.
Pohl, H.: Vergleichsmessungen mit verschiedenen Kolorimetern und Photometern. Chem.-Ztg./Chem. Apparatur **94** (1970) 13, S. 483–487.
Neumann, A. W.: Bedeutung und Bestimmung grenzflächenenergetischer Größen im Hinblick auf technische Fragestellung. Chemie-Ing.-Technik **42** (1970) 15, S. 969–977.
Andrews, M. W., Irvine, P. A.: Gravimetrische Methode zur Bestimmung des mittleren Faserdurchmessers von Wolle. J. Textile Inst. **60** (1969) 11, S. 452–460.
Sauer: Untersuchungen auf Beständigkeit von Textilien in FKW 11, FKW 113, Perchloräthylen und Schwerbenzin. Reiniger + Wäscher **23** (1970) 7, S. 23–25.

Standardisierung. Terminologie

Uhlmann, R. H.: Terminologie der Wirkerei und Strickerei. Melliand Textilber. internat. **51** (1970) 9, S. 1043–1046.
Die Informationsetikettierung der Textilartikel. Ind. textile, Paris (1970) 991, S. 385–386.

VII. Betriebstechnik. Ökonomie. Tagungsberichte und dgl.. Sonderfragen

Betriebstechnik

Uebel, H., Belz, H.: EDV-Anwendungen in der Wirkerei und Strickerei. Melliand Textilber. internat. **51** (1970) 9, S. 1047–1053.
v. Chmela, M.: Zur Nutzung der EDV im Arbeitsstudium. Sozialist. Arbeitswiss. **14** (1970) 6, S. 483–497.
Textillufttechnik. Internat. Textil-Bull., Zürich, Weltausgabe: Färberei, Druckerei, Ausrüstung (1970) 2, S. 87–88.
Projektierung einer Klima-Anlage für einen Textilveredlungsbetrieb. Internat. Textil-Bull., Zürich, Weltausgabe: Färberei, Druckerei, Ausrüstung (1970) 2, S. 91, 97–98.
Laube, K., Naegeli, E.: Automation von Peroxidbleichstraßen. Melliand Textilber. internat. **51** (1970) 9, S. 1097–1101.
Wagner, H.: Die Bedeutung der Verfahrenstechnik für die Chemische Technik und den Apparatebau in den nächsten 10 Jahren. Kunststoff-Rdsch. **17** (1970) 9, S. 421–424.
Diemunsch, J.: I. Ausmaß von Wasseraufnahme und -verbrauch sowie der Entfernung von verunreinigenden Substanzen. II. Kritische Untersuchung der Gültigkeit der zur Zeit bevorzugten Verfahren zur Analyse von verunreinigtem Wasser. Bull. Inst. Textile France **24** (1970) 149, S. 555–566, 567–586, 600–601.

Ökonomie

Grundfragen der komplexen sozialistischen Automatisierung. Wirtschaftswiss. **18** (1970) 9, S. 1281–1319.
Belger, W., Hörkner, H.: Aufgabenfindung und Entscheidung – entscheidende Bedingung für die Einordnung von Wissenschaft und Technik in den Reproduktionsprozeß. Wirtschaftswiss. **18** (1970) 9, S. 1320–1337.
Hrivnák, P., Marko, J.: Entwicklungsrichtungen der Chemiefasern in der ČSSR. Chem. Vlákna, Svit (Chem. Fasern) **20** (1970) 3, S. 43–55.
Zimmermann, H.-J., Völzgen, H.: GERT – ein stochastisches Netzplanverfahren. VDI-Z. **112** (1970) 16, S. 1069–1072.
Lengyel, I., Döme, V.: Über die Produkteentwicklung der Textil- und Bekleidungsindustrie im Jahre 1969. Magyar Textiltechn. **22** (1970) 7, S. 367–373.
Zieten, H.: Durch wissenschaftliche Arbeitsorganisation zu höherer Qualität des Wettbewerbs. Wirtschaft, Ausg. A **25** (1970) 4, S. 14–15.

Sonderfragen

Weidlich, G.: Konzentration auf die Durchsetzung der sozialistischen Wissenschaftsorganisation. Wirtschaftsrecht **1** (1970) 9, S. 516–520.
Hecht, E., Machowitz: Kontrolle und Kontrollsysteme in der Forschung. Wirtschaft, Ausg. A **25** (1970) 36, S. 13–15.

31 712

FSC
www.fsc.org
MIX
Papier | Fördert gute Waldnutzung
FSC® C083411

Zeitfracht Medien GmbH
Ferdinand-Jühlke-Straße 7
99095 Erfurt, Deutschland
produktsicherheit@kolibri360.de